——彩图版——
青少版·经典文学名著宝库

森林报·秋

[苏] 比安基 著 曲晨 编译

北京时代华文书局

图书在版编目（CIP）数据

森林报：彩图版.秋 /（苏）比安基著；曲晨编译.--北京：
北京时代华文书局，2014.1（2025.2重印）

（青少版·经典文学名著宝库 / 张新国主编）

ISBN 978-7-80769-340-6

Ⅰ.①森…　Ⅱ.①比…②曲…　Ⅲ.①森林—青年读物
②森林—少年读物　Ⅳ.①S7-49

中国版本图书馆CIP数据核字（2014）第004596号

Senlin Bao Caitu Ban Qiu

出 版 人：陈　涛
责任编辑：王其芳　张彦翔
装帧设计：颜　森
责任印制：刘　银

出版发行：北京时代华文书局 http://www.bjsdsj.com.cn
　　　　　北京市东城区安定门外大街 138 号皇城国际大厦 A 座 8 层
　　　　　邮编：100011　电话：010-64263661　64261528

印　　刷：三河市祥达印刷包装有限公司
开　　本：710 mm×960 mm　1/16　　　　成品尺寸：170 mm×230 mm
印　　张：10　　　　　　　　　　　　　　字　　数：190 千字
版　　次：2014 年 4 月第 1 版　　　　　　印　　次：2025 年 2 月第 2 次印刷
定　　价：39.80 元

PREFACE
前言
LITERATURE OF CLASSIC

森林报·秋

经典之所以能够成为经典，就在于其随着岁月的积淀，逐渐成为人类文化长河中一颗璀璨的明珠。

文学以自身闪烁的高贵而散发着迷人的魅力，以各种方式呈现着人生的美好，揭露着生活的丑恶。

名著以文字为媒介，用历史积淀的经典向后人传承文化，让后人领略其中的深刻与智慧。

本套经典文学名著宝库汇聚了不同国家、不同年代的优秀作品，忠于原著，版本上乘，囊括了几乎所有适合青少年阅读的优秀作品。这里有神奇动人的童话寓言；有令人神往的神话传说；有幽默风趣的人物故事；也有真实深刻的世间百态。中国古典四大名著让学生们充分学习、领略和继承中国传统文学的精髓；漂流记、历险记等培养青少年的开拓精神和冒险精神。此外还有荣获诺贝尔文学奖的世界名著，洋溢着纯真与情趣的伟大作品以及凝结着人类美好品德的教育经典等。题材涵盖了青少年喜欢的探索、历险、游记等，同时也包含了国学经典、散文、启迪心灵的故事等，让青少年走近伟大灵魂、传承文化、解放心灵。借助这些经典，青少年可以饱览世界的精神宝库，品味崇高与激情，从而获得精神的愉悦与人格的提升。

在浩瀚的世界文学之林中，本套经典文学名著宝库的特色在于：

1.文字与青少年零距离：编者在尊重原著的基础上，做了恰到好处的删改，使之更容易理解、更适合青少年阅读。在国外名著的翻译上，译者给予

了全新的诠释，在语言文字上加入了现代元素，使之更符合青少年的阅读口味，语言通俗易懂、形式活泼，具有亲和力，让青少年自觉走近经典，进行无负担阅读。

2. 图文并茂，诠释经典：书中充满童趣的精美插画，与文字联系紧密，可以深度激发青少年的阅读兴趣，形象地阐释作品的内涵，便于青少年更好地理解原著的精髓，让其爱不释手。

3. 助学成长：选文根据教育部最新版课程标准编写，题材涉及国学名著，如必背古诗词、弟子规等，此外加入童话、寓言、科普、探索等，可以全方位、多角度拓展学生的视野，培养学生的想象力，并可以提高学生的写作能力和阅读能力。借助本套名著宝库，青少年可以与古圣贤隔空畅谈，可以与孙悟空上天入地，可以与汤姆·索亚一起历险，可以和尼尔斯一起旅行，可以和爱丽丝一起漫游奇境，进而在中外思想大师的引领下，与伟大灵魂对话。

这套经典文学名著宝库采撷几千年来中外文学名著中的精华，立足于青少年能够接受的阅读心理，从选文内容、文字质量、图文配置、装帧设计等多角度下足功夫，是为青少年读者"量身定做"的文学精粹，是一把开启文学宝库的钥匙，是青少年不可不选、不可不读的经典。

CONTENTS
目录
LITERATURE OF CLASSIC

森林报·秋

作者简介

1894年，维·比安基出生在一个养着许多飞禽走兽的家庭里。他父亲是俄国著名的自然科学家。他从小喜欢到科学院动物博物馆去看标本。跟随父亲上山去打猎，跟家人到郊外、乡村或海边去住。在那里，父亲教会他怎样根据飞行的模样识别鸟，根据脚印识别野兽……更重要的是教会他怎样观察、记录和积累大自然的全部印象。维比安基27岁时已记下一大堆日记，他决心要用艺术的语言，让那些奇妙、美丽、珍奇的小动物永远活在他的书里。只有熟悉大自然的人，才会热爱大自然。著名儿童科普作家和儿童文学家维·比安基正是抱着这种美好的愿望为大家创作了一系列的作品。

维·比安基（1894～1959）是苏联著名儿童文学作家，曾经在圣彼得堡大学学习，1915年应征到军校学习，后被派到皇村预备炮队服役，二月革命后被战士选进地方杜马与工农兵苏维埃皇村执行委员会，苏维埃政权建立后，在比斯克城建立阿尔泰地志博物馆，并在中学教书。

维·比安基从小热爱大自然，喜欢各种各样的动物，特别是在他父亲——俄国著名的自然科学家的熏陶下，早年投身到大自然的怀抱当中。27岁时，他记下一大堆日记，积累了丰富的创作素材。此时，他产生了强烈的创作愿望。1923年成为彼得堡学龄前教育师范学院儿童作家组成员，开始在杂志《麻雀》上发表作品，从此一发而不可收拾，仅仅是1924年，他就创作发表了《森林小屋》、《谁的鼻子好》、《在海洋大道上》、《第一次狩猎》、《这是谁的脚》、《用什么歌唱》等多部作品集。从1924年发表第一部儿童童话集，到1959年因脑溢血逝世的35年的创作生涯中，维·比安基一共发表300多部童话、中篇、短篇小说集，主要有《林中侦探》、《山雀的日历》、《木尔索克历险记》、《雪地侦探》、《少年哥伦布》、《背后一枪》、《蚂蚁的奇遇》、《小窝》、《雪地上的命令》以及动画片剧本《第一次狩猎》（1937）等。

1924～1925年，维·比安基主持《新鲁滨孙》杂志，在该杂志开辟森林的专栏，这就是《森林报》的前身。1927年，《森林报》结集第一次问世出版，到1959年，已再版9次，每次都增加了一些新内容，它们使《森林报》的内容更为丰富。比如，一些没有翅膀的蚊子怎么从地下钻出来的？哪个季节的麻雀体温比较低，是冬季还是夏季？什么昆虫把耳朵生在腿上？青草何时会变成天蓝色？蝴蝶秋天都藏到哪儿去了？虾在哪里过冬？森林中哪种飞禽的眼睛靠近后脑勺？癞蛤蟆冬天吃什么？什么鸟的叫声跟狗差不多？……这类妙趣横生的问题，都会在《森林报》中找到完整而令人信服的答案。

维比安基从事创作30多年，他以擅长描写动植物生活的艺术才能、轻快的笔触、丰富的想象力进行创作。《森林报》是他的代表作。这部书自1927年出版后，连续再版，深受少年朋友的喜爱。1959年，比安基因脑溢血逝世。

秋之卷

名师导读 Teacher Reading

当今，我们对于大自然已经越来越陌生，缺乏最基本的认识，这部《森林报》会让居住在钢筋水泥森林中的我们重新认识、反省自己。仔细品读，能够让你感受到森林中的动植物在一年四季中五彩缤纷的生活，深入地探寻大自然的无穷奥秘，体验秋的多彩……

候鸟别离月
（秋季第一个月）

一年——分为12个章节的太阳诗篇

9月，成天愁眉不展。天空变得阴郁，鸟兽哀鸣，秋风萧瑟。秋季第一个月开始了。

秋天和春天一样，有自己的一套工作程序，不过，顺序正好与春天相反，秋天是从上而下变化的。树梢的叶子逐渐开始变色——先变黄、再变红，再变成褐色。没有充足的阳光照耀，它们不再绿的叶子就立刻开始枯萎了。在叶柄与树枝接合的那个地方，也出现了一个衰老的圆环。甚至在无风的日子里，叶子也会自行脱落。突然之间，这儿落下一片黄色的白桦树叶，那儿又掉下一片红色的白杨树叶，洋洋洒洒却又无声无息。

清晨，当你从睡梦中醒来的时候，你会发现：青草上第一次有了白霜。

你便在日记里写了这么一句话：秋天来了！从今天起，确切地说是从昨夜起，秋天就开始了。初霜总是在黎明前降落。枝头上飘下来的枯叶越来越多了，不过横扫秋叶的西风还没有刮起，森林的华丽夏装还没有全脱下来。

雨燕已经不见了踪影。家燕与在我们这儿过夏的其他候鸟，都集结成群，夜间悄无声息地陆续出发，开始了遥远的旅程。一时间天空变得空寂了。河水越来越凉——人们已经不能再到河里洗澡了。

可是，突然之间，仿佛是那火热夏季的回光返照——又多了几个晴朗温暖的好天气。一根根又细又长的蜘蛛丝，在宁静的天空中飘着，还泛着银光……田野又重现出清新的绿色景象。

"夏老婆子又回来了！"村子里的人都喜笑颜开，欣赏着生机盎然的秋播作物。

林子里的居民们都在为漫长的冬季做着准备。正在孕育着的生命都被妥善地安置起来，在温暖安全的母体里静静发育，没什么后顾之忧了。

只有一些兔妈妈们还不甘心，它们不承认夏天已经过去了，又生了一批小兔儿！这批晚生儿就是"落叶兔"。

此时，地上还长出了一些细柄食用蕈。夏季毕竟还是过去了。

又到了候鸟离开家乡的月份。

秋天就这么开始了。

林中大事记

别离歌

白桦树上的叶子已经很稀了。被房主们丢弃了很久的椋鸟窠，在光溜溜的树干上孤零零地摇晃着。

不知发生了什么事，有两只椋鸟飞来了。雌椋鸟钻到窠里忙活起来。雄椋鸟则落在枝头，不时向四面张望着，然后就唱起歌来！歌声很小，就像是唱给自己听的。

雄椋鸟歌儿唱完了，雌椋鸟也从窠里飞了出来，急匆匆地向鸟群飞去，雄椋鸟随即也跟在它后面。它们该出远门了——不是今天，就是明天。

它们今年夏天在这所小房子里孵了几只小鸟，现在它们是来跟自己的故居告别的。

它们不会忘记这个家，明年春天它们还会回来的。

朗朗晨光

9月15日

天气回暖。我像平常一样，一大清早就去了花园里。

我走到户外一看，天空高高的，万里无云。空气中带着一丝凉意，乔木、灌木和青草丛间，挂满了银色的蛛网。每一个网之中都有一只纤细的蜘蛛。

一只小蜘蛛在两棵云杉幼苗的树枝之间，挂了一张银色的网。这网上沾满了寒露，显得像是玻璃做的，仿佛一捅就会碎掉。蜘蛛缩成一个小小的球，僵僵地伏在网上，一动也不动。苍蝇还没出来呢，蜘蛛正好睡一会儿觉。但不知是冻僵了，还是冻死了！

我用小手指小心翼翼地碰了一下小蜘蛛。

小蜘蛛没有反应，竟像一粒小石子似的掉在草丛里了。我看见它刚一落地，就一骨碌跳起来，拔脚就不见了踪影。

真会装模作样！

也不知道它还会不会回到这张网上了，它还能找到这张网吗？还是再重织一张网呢？织一张网，得费多大劲呀——跑前跑后，来来回回多少趟，还得打结子、绕圈、结网，真费心啊！

露珠在纤细的草尖上滚动着，就像挂在长长睫毛上的泪珠。它们在晨曦之中闪烁着，发出喜悦的星火般的光辉。

路旁还有最后几朵野菊花，它们耷拉着那白裙似的花瓣，等待和煦的阳光把它们晒暖。

置身于微冷的、明净的、如同易碎玻璃般的空气里，无论是各种颜色的树叶，还是在露水和蛛网的装扮下，披上银色衣服的青草，或是一改夏日里模样的，淌着蓝水的小河，都显得那么华丽，那样惬意。

我所遇到的，最难看的东西，是一棵头顶很秃的蒲公英和一只光秃秃的灰蛾。蒲公英头上仅有的毛粘在一起，被露水打得湿漉漉的，身子也是残缺的。灰蛾的脑袋伤痕累累，大概是被小鸟啄的。回想今年夏天，蒲公英的头上曾戴过成千上万顶小降落伞！那时它多神气啊！

而夏天的灰蛾呢？也曾经是毛茸茸的，脑袋光溜溜的，干干爽爽的！

我不禁同情起它们来，就将灰蛾放到蒲公英身上，把它们久久握在手里，让已升到林子上空的太阳晒一晒它们。蒲公英和灰蛾都是浑身又冷又湿，半死不活的。在阳光的滋润下，它们终于渐渐苏醒了。

蒲公英头上那些粘在一起的小毛毛干了，露出原本的白色，并且轻飘飘地升到了空中；灰蛾恢复了活力，翅膀也舒展开了，露出原本的青烟色。这两个可怜的、丑陋的怪胎也变美了。

我听到一只黑琴鸡在林子的某处发出了叽里咕噜的声音。

我朝着灌木丛走去，想偷偷欣赏它曾在春天时表演过的歌舞演出。

然而，我刚走到灌木丛前，那只黑琴鸡就扑噜一声飞走了，几乎是从我脚边飞过去的，声音很响，吓得我打了个哆嗦。

原来它就在我跟前。我还以为它离我有多远呢！

此时远方传来一阵吹喇叭般的鹤鸣声———一群鹤从森林上空飞了过去。

它们离开我们了……

摘自少年自然科学家的日记

《森林报》通讯员维利卡

最后一批浆果

沼泽地上的越橘果成熟了。这种植物生长在泥炭上的草墩子里，浆果就直接耷拉在青苔上，隔得老远就能看见浆果，只是看不见这种植物的茎。走近一瞧，才能发现垫子似的青苔上，生长着一些和丝线一样细的茎，茎的两旁长着一些又直又硬的叶子。

那就是一棵完整的越橘的样子。

尼娜·巴甫洛娃

游泳旅行

草地上还有一些无精打采地耷拉着脑袋，垂死的草儿。

著名的，有着"飞毛腿"之称的秧鸡，此时已踏上了遥远的旅程。

矶凫和潜鸭也已经在海上长途飞行线上跋涉了。它们几乎都是在水里游，饿的时候就潜到水中捉鱼吃，很少在天上飞，就这样游过了湖泊和水湾。

它们游泳时不像野鸭那样笨拙，野鸭先在水面上微微抬起身子，然后猛地钻进水里。矶凫和潜鸭的身子非常灵活，只要一低头，使劲用像桨似的脚蹼一划，就能钻进深水里了。矶凫和潜鸭在水底就像在家里似的，没有哪种猛禽能在水下追上它们。它们游得速度快极了，甚至能跟鱼的速度相媲美。

不过，它们飞的速度跟那些飞得快的猛禽比起来，可就差远了。因此它们不会冒险在空中飞行的，只要有水，它们就会游泳旅行。

"林中壮汉"们的决战

傍晚的时候，森林里传出阵阵短促的喑哑嘶吼。"林中壮汉"们——长有犄角的高大雄麋鹿，从密林深处缓缓走来。它们用仿佛从腹腔深处发出的嘶吼声向对手挑战示威。

勇士们在丛林深处的空草地上相遇了。它们用蹄子使劲地刨着地，示威般摇晃着那笨重的犄角，血丝布满它们的双眼。它们放低头上的那对大犄角，红着眼厮打着，犄角在碰撞中发出劈裂声和"嘎嘎"声。它们还用自己健硕的身躯猛烈地撞击对方，拼命地想扭断对方的脖子。

它们厮杀在一起，时而激烈交战，时而又分开。雄麋鹿们挺起身子，用后腿站立着，犄角猛烈地撞击着。

每次笨重犄角的相撞，都会在森林里激起阵阵回响。雄麋鹿又叫犁角兽，因那宽宽大大的，好似犁头的犄角而得名。

战败的雄麋鹿狼狈地从战场上逃走了，有的被恐怖的大犄角撞伤，带着扭断的脖子躺在血泊中，胜利的雄麋鹿的利蹄就是它最后的归宿。

洪亮的嘶吼声再次响彻整个森林，吹响了胜利的"号角"。

森林的深处，有一只雌麋鹿正在等待着胜利者。获胜的雄麋鹿便成为这一带的主人。

它不允许任何一只雄麋鹿到它的领地上来，甚至连未成年的小麋鹿也不行，一旦被看见，就会被驱逐。

响亮嘶哑的吼声又一次响起，如雷鸣般震荡在森林深处……

候鸟离乡

每一天，无论白天还是夜晚，都会有成批的、挥舞着翅膀的旅客踏上征程。它们从容不迫，缓缓地飞着。途中停歇的次数多、时间长，与春天返乡时大不相同，看来它们非常不愿意离开呢！

出发的顺序也与春天返乡时正好相反：色彩鲜艳的、五彩斑斓的鸟儿最先出发；而春天时最先飞回来的燕雀、百灵、鸥鸟等则最后离开。还有许多鸟儿迁徙时是年轻的在前面开路；燕雀是雌鸟先飞；强壮有力、有耐性的鸟儿，则会在故乡多停留一段时间。

大多数鸟儿直接飞往南边的法国、意大利、西班牙、地中海沿岸各国和非洲等地；也有些鸟儿向东飞：经过乌拉尔、西伯利亚，飞往印度；有的甚至能飞到美国，飞行里程达几千公里。

等待帮手

乔木、灌木和杂草等植物，此时正在忙着安顿后代呢。

槭树枝上挂着成双成对的翅果。翅果的果壳已经裂了，就等着风儿把它们吹落，播撒出去。

杂草也在等着秋风刮起：蓟草像帘子似的长茎上顶着干燥的头状花，花瓣上长着一串串华丽的、丝状的灰色茸毛；香蒲的长茎比沼泽地里的草还高，它的顶梢穿着一件褐色的小"皮袄"；山柳菊的枝上有毛茸茸的小球，只要秋风刮起，球中的花絮就会随风飘散。

还有很多种草的草种上长着细毛——有长的、短的，有普通的须状，也有羽毛状的。

长在收过庄稼的田里，以及道路旁、沟渠旁的植物，等的不是风，而是四条腿的动物与两条腿的人。比如牛蒡，在那带刺的干燥花盘里，装着有棱角的种子；尖三角形的金盏花的黑果实，特别爱戳到行人的袜子里；带着钩刺的猪秧秧的小圆果实，特别爱钩住人的衣衫，只有用毛绒刷来揩，才能被揩掉。

尼娜·巴甫洛娃

秋天的蘑菇

此刻，森林里一片凄凉景象：树木光秃秃，空气湿漉漉，处处散发着烂树叶的味儿。唯一一道能让人眼前一亮的风景，就是满林子里生长的一种蜜环口蘑。它们有的一簇簇地聚在树墩上；有的趴在树干上；有的散布在地面上，仿佛是特立独行的异类。

它们看上去就叫人美滋滋的，采起来也让人痛快。光采它们的蕈帽，几分钟就能采一小篮，成色还很好呢！

小蜜环口蘑太好看了：它们的帽子没有裂开，依然绷得紧紧的，就像孩子头上的小帽子，脖子上围着一条白色的小围巾。再过几天，小帽子边就会翘起来，变成一顶大帽子，小围巾变成一条大围巾。

小帽顶上布满了烟丝般的小鳞片。它是什么颜色的？这个很难形容，算是一种看上去很舒服的，能让人宁静的淡褐色。小蜜环口蘑的蕈帽下的褶儿是白色的，老蜜环口蘑的褶儿是浅黄色的。

你有没有发现：当把老蕈帽放到小蕈帽上边的时候，小蕈帽上就像敷了一层粉似的。你可能会觉得这是小蕈帽发霉了。可是随后你会想起，这是孢子。是的，这是老蕈帽撒下来的孢子。

如果你想吃蜜环口蘑，你就必须熟知它们的一切特征。人们在市场上，常把毒蕈错认作蜜环口蘑。有些毒蕈长得很像蜜环口蘑，而且也长在树墩子上。

只不过，这些毒蕈的蕈帽下都没有围巾，蕈帽上都没有鳞片，蕈帽的颜色极鲜艳，有黄色的、粉红色的，帽褶或是黄色的，或是淡绿色的，孢子是乌黑的。

尼娜·巴甫洛娃

城市新闻

野蛮的袭击

在列宁格勒的伊萨基耶夫斯基广场上，众人在光天化日之下目睹了一次野蛮的袭击事件。

广场上飞起了一群鸽子，只见这时，突然有一只大隼从伊萨基耶夫斯基大教堂的圆屋顶上飞下来，向鸽群中紧靠边的那只猛扑了过去，顿时空中飞扬着一大堆绒毛。

行人眼巴巴地看着大隼用爪子抓住死鸽子，吃力地飞回到大教堂的圆屋顶上，而其他鸽子则逃到了广场旁边的一座高楼后面。

大隼总是在路过我们的城市上空时，被广场上的鸽子吸引。这些有翅膀的强盗，喜欢藏匿在教堂的圆屋顶和钟楼上，伺机袭击这些鸽子。

黑夜里的骚扰

城郊的人差不多这阵子每夜都会被吵醒。

人们总能听到院子里乱哄哄的声音，于是就跳下床，探头去窗外看。到底怎么啦？出什么事了？

家禽们在下面的院子里大声扑扇着翅膀，鹅咯咯地叫，鸭子呷呷地喊。是黄鼠狼来了吗？不然就是有狐狸钻进院子了？

可是，黄鼠狼和狐狸怎么可能钻过石头围墙和大铁门呢？

主人们仔细地巡视了一遍院子，又检查了家禽栏，一切正常啊。哪有野兽能偷偷地钻到这紧锁门闩的门里呢？是不是家禽做了噩梦？此时，它们又安静下来了。人们继续上床睡觉。

可是一个小时之后，又是鸡飞狗跳，乱作一团。又出什么事了？

你打开窗子，躲在一旁仔细地看看听听吧：漆黑的天空中，有繁星闪烁，四周静悄悄的。

不一会儿，就有一道道模糊的黑影从天上掠过，把亮晶晶的星星都遮蔽了。同时还有一阵阵不太清晰的、断断续续的啸声。在高高的夜空中回荡着。

家鸭和家鹅都被惊醒了。这些早就被驯服的鸟儿好像听到了野性的呼唤，此时或是扇动着翅膀想蹿向天空；或是踮起脚掌，伸长脖子，不停地叫着，那叫声是那么苦闷，那么悲凉。

它们那些拥有自由的同类们，在黑暗的高空中回应着。一群接一群有翅膀的旅行者，正从石头房顶和铁房顶上空飞过。野鸭扑扇着翅膀发出声音。大雁和雪雁则用喉音呼唤它们："嘎！嘎！嘎！上路吧！上路吧！离开寒冷和饥饿！走吧！走吧！"

候鸟响亮的声音渐渐消失，而那些早已失去飞行能力的家鸭和家鹅，还在院子里折腾呢！

山　鼠

我们在挑选马铃薯的时候，突然听到我们的牲畜棚的地下有什么东西在钻。后来有一只狗跑过来，蹲在附近，用鼻子闻着。可那东西还在钻，发出沙沙的响声。狗便去刨地，一边刨，还一边汪汪地叫唤。狗刨了一个小坑，一个小兽的头露了出来。后来，狗又把坑刨得更深了，把小兽拖了出来。那小兽也不甘示弱，直向它身上咬去。狗将小兽抛向空中，大声狂吠起来。小兽的个头很像小猫，毛主要是灰蓝的，黄、黑、白三色相间。我们将这种小兽称为山鼠。

顾此失彼

在9月里的一天，我和我的几个同学一块儿去树林里采蘑菇。一进林子，就吓跑了四只短脖子灰色榛鸡。

后来，我遇到一条死蛇。这条死蛇已经风干了，挂在树墩子上。树墩上有个窟窿，里面传出咝咝的叫声。我猜那肯定是个蛇洞，就赶紧逃离了那个可怕的地方。

再后来，我就走进了一片沼泽地，看到了从来没见过的动物——沼泽地里飞起了的一只鹤，长得真像一只绵羊。从前我只在课本的插图上见过鹤。

每个小伙伴都采了满满一篮子蘑菇，可我总在树林里东跑西颠的，光顾着听鸟儿们唱歌了，没有好好采蘑菇。

我们在回家的路上看到一只灰兔，它的脖子和后脚都是白的。

我绕过那棵有蛇窠的树墩，还看见一群雁飞过我们的村庄，"咯咯"地大声叫着。

《森林报》通讯员别茨美内依

喜　鹊

春天的时候，村子里有几个顽皮的孩子捅了一个喜鹊窠。我从他们手里买了一只小喜鹊，只过了一天一夜，它就被我驯养了。第二天，它就敢落在我掌心上吃东西、喝水了。我们给这只喜鹊起了个名字叫"机灵鬼儿"。它听惯了这个称呼，一叫就应。

小喜鹊的翅膀长成以后，总喜欢落在门框上。我在门对面的厨房里摆了一张桌子，桌子里有一个盛食物的抽屉。有时我们刚拉开抽屉，小喜鹊就会从门框上飞下来，钻进抽屉里抢东西吃，你想拖它出来，它就会大吵大闹，不肯出来呢！

我打水的时候，就冲着它喊一声："'机灵鬼儿'，跟我来！"

它就会落在我的肩上，跟我一起走了。

我吃早点的时候，它总是头一个张罗：又是抓糖，又是抓甜面包的。有时，还会把爪子伸到热热的牛奶里面。

最好玩的是我给菜园的胡萝卜地除草的时候。

"机灵鬼儿"先是蹲在垄上看我干什么，然后也学着我的样子去拔垄上的草，把一根根绿茎拔起来后拢成一堆儿，它帮我干活呢！

不过，它分不清草和苗的区别，把杂草和胡萝卜都拔出来了。

《森林报》通讯员薇拉·米赫伊娃

各自躲藏

天冷了，天真的冷了！

炎热的夏天逝去了……

动物们的血液都快被冻得凝固了，动作也迟缓了，总想打瞌睡。

有尾巴的蝾螈整个夏天都待在池塘里，一次都没出来过。但此时，它却慢慢爬到树林里去了。它先是找到一个腐烂的树墩子，然后钻到树皮下生活。青蛙则跟它刚好相反：它们从岸上转移到池塘，沉进池底，往深深的淤泥里钻去。蛇和蜥蜴去树根下躲着，它们将身子埋在暖和的青苔里。鱼儿则成群结队地挤在河流的深处，以及水底的深坑里。蝴蝶、苍蝇、蚊虫和甲虫等，都藏进树皮和墙壁的裂逢里了。蚂蚁将出入蚁洞的100多道大门全部封锁了，它们爬到蚁洞最深处，彼此紧紧地挨着，就这么一动不动地睡了。

要挨饿了！要挨饿了！

像飞禽走兽这样的热血动物倒是不怎么怕冷，只要它们吃饱了，身子就暖和了。可是严冬将至，食物越来越难找，它们也免不了要挨饿受冻了。

蝴蝶、苍蝇、蚊虫都藏起来了，蝙蝠也就没食物了。于是，蝙蝠就躲到树洞、石穴、岩缝和阁楼顶上，用后脚爪抓住点什么，头朝下的倒挂着。它们用翅膀裹着自己的身体，就像披了一件斗篷，就这样进入冬眠了。

青蛙、癞蛤蟆、蜥蜴、蛇和蜗牛，也全都藏起来了。刺猬藏在树枝下的草窠里。獾也不怎么出洞了。

候鸟离乡记

从天上看秋天的风景

如果能从天上看看我们这广阔无垠的祖国秋景，那该有多么美妙啊！秋天的时候，乘气球飞上高空，那里比屹立不动的森林高得多，甚至比浮动的白云还高——离地面约有30公里吧！即便在那么高的地方，也不能将我们的领土尽收眼底。不过只要天空晴朗，没有云彩能将大地遮挡，我们的视野就会非常开阔。

从那么高的地方俯视下面，就会觉得我们的大地在移动。其实，是什么东西在森林、草原、山丘和海洋的上空移动给我们造成的错觉。

原来是鸟儿！是数不清的鸟儿！

我们故乡的鸟儿正离开故乡，飞向过冬的地方。

当然，也会有一部分鸟儿留下来，比如麻雀、鸽子、寒鸦、灰雀、黄雀、山雀、啄木鸟等小鸟，都会留下来。除了鹌鹑之外的其他野雉也不飞走。老鹰和大猫头鹰也留下了，而大多数冬天没什么事儿干的猛禽们，也基本上都飞走了。候鸟的迁徙从夏末就开始了——最先飞走的，是春天最晚归来的那批。这场迁徙持续了整整一个秋天，直到河面结冰为止。最后飞走的，是春天最先归来的秃鼻乌鸦、云雀、椋鸟、野鸭和鸥等。

各奔远方

你们以为所有鸟儿都是从北往南飞吗？其实不是这样的。

不同的鸟儿，出发的时间也不同。为了安全起见，多数鸟儿在夜间飞行。并非所有的鸟都从北方飞往南方过冬，有些鸟是从东向西飞的。而有些鸟则恰恰相反，是从西向东飞。我们这儿还有一些鸟，竟然是飞到北方去过冬的！

我们的特约通讯员，或是给我们拍来无线电报，或是用无线电广播向我们报道：什么鸟往什么地方飞，飞行者们在路上的身体状况怎么样。

从西往东飞的鸟儿

"嘁，咦！嘁，咦！"朱雀在鸟群中是用这种声音交谈的。这种鸟儿早在8月的时候就从波罗的海海边的崖上，列宁格勒州和诺夫戈罗德州开始了它们的旅行。它们不紧不慢地飞着，反正路上到处有食物，有什么好忙的呢？又不是急着赶回故乡去筑窠、养育幼鸟。

我们曾看到它们飞过伏尔加河、乌拉尔山脉的一座不高的山岭的情形，现在又看到它们飞越西伯利亚西部的巴拉巴草原的情景。它们日复一日地向东飞着，向着日出的方向飞。它们掠过巴拉巴草原上一片又一片桦树林的上空。

朱雀尽可能在夜间飞行，白天休息进食。虽然它们结队而行，而且每一只小鸟都会留神观察周围，以防不测，可是意外之灾还是时有发生——稍有疏忽，小鸟就会被老鹰叼走一两只。西伯利亚的猛禽，比如雀鹰、燕隼、灰背隼等，实在太多了。它们飞得太快了！当朱雀飞过桦树林的时候，不知会有多少在这些猛禽爪下丧命！夜里毕竟好一点，那时猛禽来得少点。

朱雀在西伯利亚拐弯，飞过阿尔泰山脉和蒙古沙漠，去炎热的印度过冬。在这艰难的旅程里，不知有多少可怜的小鸟儿要丧命啊！

Φ-197357号脚环的简史

我们这里有一位青年的科学家，他在一只腰身纤细的北极燕鸥幼鸟脚上套了一只轻巧的铝环，号码是Φ-197357。上环时间是1955年7月5日，上环地点是北极圈外白海边上的坎达拉克沙禁猎区。

同年7月底，幼鸟刚学会飞行，北极燕鸥就成群结队地迁徙了。它们先是往北飞，飞往白海海域；再往西飞，沿着科拉半岛的北岸飞；随后飞越波罗的海往南飞，沿着挪威、英国、葡萄牙和非洲的海岸飞；最后绕过好望角，向东飞，从大西洋向印度洋飞，直到南极。

1956年5月16日，有一位澳大利亚科学家，在大洋洲西岸的弗里曼特尔城附近捉到了这只戴着Φ-197357号脚环的小北极燕鸥。这里与坎达拉克沙禁猎区的直线距离是24000公里。

现在，这只鸟的标本连同脚环一起，由澳大利亚珀斯市动物园的陈列馆留存。

从东往西飞的鸟儿

每年夏天，奥涅加湖上都会诞生一大群乌云般的野鸭和白云般的鸥。秋天一到，这些野鸭和鸥就要向西，也就是向日落的方向飞去。它们去过冬了，让我们乘飞机追踪它们吧！

你们听到一阵刺耳的啸声了吗？紧接着是水的泼溅声，翅膀的扑腾声和鸟儿的嘶叫声。

这些鸟儿本打算在林中湖泊上小憩的，谁知遇到一只也在迁徙的游隼的袭击。这猛禽发出像牧人甩长鞭时的尖啸声，在飞着的野鸭后背上一闪而过，它那锋利得像一柄弯弯的小尖刀的利爪，抓伤了一只野鸭，那只野鸭的长脖子就像鞭子似的耷拉下来了，在掉入湖水之前，被动作神速的游隼一把抓住，游隼用钢铁般的硬嘴朝它后脑一啄，它就是一顿美味的午餐。

游隼是野鸭群的天敌。它从奥涅加湖与它们一块儿起飞，一同飞过了列宁格勒、芬兰湾、拉脱维亚等地。要是它吃饱了，就在岩石或是树上蹲着，一动不动地望着在水面上飞翔的鸥和头朝下扎猛子的野鸭，望着它们再次从水面上升起。它们继续向西结队而行，朝着那黄球似的太阳，向波罗的海灰色的海面降落的地方飞去。但只要游隼的肚子一饿，它就会立马赶到野鸭群中逮出一只来充饥。

它就这样一直跟着野鸭群，沿波罗的海海岸、北海海岸飞行着，飞到不列颠岛，到了不列颠岛后，这只恶棍就不会再继续纠缠它们了。野鸭和鸥就留在那儿过冬了。如果游隼愿意的话，它还会跟随别的野鸭群往南飞，经过法国、意大利，越过地中海，最后到达炎热的非洲。

知识窗

禁猎区

在一定期限内禁止猎捕某种或若干种动物的区域。我国建立禁猎区制度是贯彻《野生动物保护法》的重要措施。在属于禁猎年限的禁猎区内，如因特殊需要而必须猎捕禁猎的动物，必须经野生动物主管部门批准，获取野生动物特许猎捕证。

飞向长夜漫漫的北方地区的鸟儿

多毛绵鸭又轻又暖的鸭绒是我们做冬衣的好材料。它们在白海边上的坎达拉克沙禁猎区平平安安地孵出了幼鸟。那个禁猎区多年以来一直在进行着保护绵鸭的工作。大学生和科学工作者们给绵鸭戴上有编号的、很轻的脚环，为的是搞清楚这些鸟儿从禁猎区飞到哪儿去过冬，又有多少绵鸭能重返禁猎区的老窠，也为了搞清楚这些珍贵的鸟儿的各种生活细节。

现在已经查清：绵鸭从禁猎区起飞后，差不多是一路向北飞往长夜漫漫的北方，飞到有格陵兰海豹和总爱长吁短叹的白鲸的北冰洋。

再过不久，整个白海就要被厚厚的一层冰覆盖了。冬天一到，绵鸭在白海里就找不到东西吃了。但北冰洋不一样，那里的水，常年不结冰，海豹和巨大的白鲸都能在那里捉到鱼吃。

绵鸭去岩石和水藻上啄食水里的软体动物，这些鸟儿只要能吃饱，就心满意足了。它们不怕严寒的天气，不怕四周是一片汪洋，也不怕漫长的黑夜。它们有御寒的冬大衣，那就是它们最暖和的绒毛！更何况空中还常会出现北极光呢，还有大月亮，亮星星。尽管太阳一连几个月都不从海洋里探出头，但那又有什么关系呢？反正野鸭在北极很舒服，也不愁吃喝，就这样自由自在地度过了漫长的冬季。

自然常识

北极光

北极光是出现于星球北极的高磁纬地区上空的一种绚丽多彩的发光现象。地球的极光，由来自地球磁层或太阳的高能带电粒子流（太阳风）使高层大气分子或原子激发（或电离）而产生。北极附近的阿拉斯加、北加拿大是观赏北极光的最佳地点。

林木大战（续完）

我们的通讯员终于找到了一块旧战场，林木种族之间的战争已经结束了。

那地方就是他们最初观察的云杉国度。

关于这场残酷战争的结局，他们得到这样的结论：

大批云杉在与白桦、白杨的肉搏战之中死去。但最终，云杉还是赢了。

云杉比敌人年轻。白桦和白杨的寿命比云杉短。白桦和白杨都年老体衰了，无法再像它们的敌人那样迅速地生长了。云杉的个头高过它们，用可怕的毛茸茸的大手掌死死按住敌人的头，于是这两种喜光的阔叶树就渐渐枯萎了。

云杉不停地生长着，树荫越来越浓，树下的地窖也更加深邃、黑暗。地窖里生长着诸多凶恶的苔藓、地衣和小蠹虫等，在等待着分享云杉胜利的果实，战败者将变成它们的美餐。

就这样，一年又一年过去了。

自从那片茂密的老云杉林被人伐光之后，100年的时间弹指而过。抢夺那片空地的林木大战，也持续了100年。此时在那里，又耸立着一片同样茂密阴郁的云杉林。

在这片云杉林里，听不见鸟儿歌唱的声音，也听不见小野兽的欢叫声。甚至连各种各样，偶然生出的绿色小植物也会逐渐枯萎，然后很快的死在阴森的云杉国度里。

冬天即将来临。每年冬天，林木种族都会休战，进入睡眠状态。它们睡得比洞中的狗熊还要沉，就像死了一样。它们体内的树液也不再流动了，它们不进食，也停止生长，只是保持着昏昏沉沉的呼吸。

侧耳倾听，这是一个万籁俱寂的世界。

定睛一看，这是一片尸骨遍地的战场。

我们的通讯员接到消息：今年冬天，按照计划，这片云杉林将被砍伐。明年，这里将又变成一块新空地。林木大战又要拉开帷幕了。

不过，这次我们可不能让云杉再胜利了。我们将对这场持续的、惨烈的战争进行干预，将这里从未有过的新林木种族移过来。我们会关注它们的生长，在必要的时候，我们会修剪林木的枝条，让明媚的阳光有机会射进来。

到那时，我们一年四季就都能听到鸟儿在这儿为我们欢快地歌唱了。

和平树

最近，我们学校的同学们呼吁莫斯科州拉明斯基区的每一位低年级同学，在植树周时栽一棵象征和平的树，并把这棵和平树养大。让小朋友们的和平树在校园里和他们共同成长！

莫斯科州茹克夫斯基市第四小学全体学生

农事记

田野上空荡荡的。今年是个大丰收年，粮食已经收割完毕。人们已经吃上新粮食制成的馅饼和面包了。

该收割梯田中的亚麻了。它们经受了一年的风吹日晒和雨淋。现在，该把它们搬到打谷场上揉搓去皮了。

孩子们开学有一个月了，现在他们不能参加田里的劳动了。马铃薯也快被庄员收完了，然后人们就把它运到车站，或是放在干燥的沙坑里贮藏。

菜园里也空荡荡的。人们从田垄里运走了最后一批叶子卷得极紧的卷心菜。

田里秋播的庄稼已经有了绿油油的小苗，这是庄员们为祖国准备的新礼物。

灰山鹑出现在麦田里了，它们已经不是一家一家地分开住在秋麦田里了，而是结成一个很大的群，每群有一百多只呢！

打灰山鹑的季节就要结束了。

沟壑的征服者

我们的田里出现了一些沟壑。这些沟壑越来越大，快要吞没集体农庄的田地了。大家都很担心这件事，孩子们也跟着我们着急。有一次，少先队员们开队会，就专门讨论了如何更好地解决这件事，怎样让这些沟壑不再继续扩大。

我们知道，在沟壑边种树是个好办法。这样树根就可以牢牢地攀住土壤，就能巩固沟壑的边缘和斜坡了。

这次队会是在春天的时候开的，现在已是秋天了。在我们家乡的苗圃里，成千棵白杨树苗和许多藤蔓灌木幼苗与槐树苗都被培育起来了。我们现在已开始把这些小苗栽到田里。

几年之后，乔木和灌木就能征服沟壑的斜坡。至于沟壑本身嘛，已经败在我们手里，没有翻身的可能了。

少先队大队委员会主席

柯里雅·阿加法洛夫

采集种子

9月，很多乔木和灌木的种子和果实成熟了。此时最要紧的事就是多多采集种子，日后好把它们种在苗圃里、河渠和池塘边。

要采集大量乔木和灌木种子，最好的时间是在它们完全成熟之前，或是在它们刚刚成熟之时，并且要在很短的时间内摘完。尤其是尖叶槭树、橡树和西伯利亚落叶松的种子，一定要及时采集。

9月里可以采集的树木种子有：苹果树种、野梨树种、西伯利亚苹果树种、红接骨木树种、皂荚树种、雪球花树种、马栗树种和欧洲板栗树种、榛树种、狭叶胡秃子树种、沙棘树种等。同时我们也能收集到丁香、乌荆子、野蔷薇以及在克里木地区和高加索地区常见的山茱萸的种子。

我们的主意

全国人民此时都在进行着一个规模宏大的美好事业——植树造林。

在春天的时候我们过了植树节，那一天是一个隆重的造林的节日。我们在池塘周围栽下了树苗，免得它日后被太阳晒干；我们在高高的河岸上栽下了树苗，使其日后发挥巩固河堤的作用；我们在学校的运动场四周也栽下了树苗，以绿化校园。这些树苗都活了，一个夏天之后，长高了很多。

现在，我们又有了这样一个主意。

冬天的时候，我们的田野上所有的道路都被埋在雪下。每年冬天，我们都不得不砍掉一整片小云杉林，用云杉的枝条把道路围挡起来，有些地方还得立路标，以免行人在风雪中迷路，陷进雪堆里。

我们每年为什么都要砍这么多棵小云杉呢？为什么不在道路两侧栽上小云杉呢？小云杉长大后，就能保护道路不被雪掩埋，还能当路标使呢！

我们说干就干了起来。

我们在森林的边缘挖了许多小云杉，然后用筐抬到道路两侧种上。

我们及时给小云杉浇水，那些小树在新家苗壮地生长起来了。

《森林报》通讯员万尼亚·扎米亚青

集体农庄新闻

精选母鸡

昨天，饲养员在养禽场选出最好的母鸡，用一块木板小心地把这些母鸡赶到一个角落里，然后一只一只地捉住，交给专家鉴定。

专家捉起一只母鸡：它嘴巴长长的，身子瘦瘦的，冠子小小的，颜色淡淡的，眨着两只惺忪的睡眼，显得傻乎乎的，那眼神似乎在问："你干吗打扰我？"

专家把这只母鸡送了回去，说："我们不需要这种母鸡。"

后来，专家又捉起一只短嘴大眼的小母鸡，脑袋宽宽的，鲜红的冠子歪到一边，睁着两只亮晶晶的眼睛。

这只母鸡一边拼命挣扎，一边嚷嚷，好像在说："撒手！快点撒手！干嘛抓我，打扰我？你们不挖蚯蚓吃，难道也不许别人挖？"

"这只挺好！"专家说，"这只将来产蛋多。"

原来母鸡也要选精力充沛的，才能多产蛋。

乔迁之喜

春天的时候，小鲤鱼的妈妈在一个小池塘里产了卵，孵出了70万尾鱼苗。这个池塘里没有其他鱼，就住着这70万个兄弟姐妹。

一个半星期后，它们就觉得住处拥挤了，于是就在夏天的时候，搬进了大池塘。它们就在这个大池塘里长大了，秋天之前就不再是鱼苗，而是鲤鱼了。

小鲤鱼现在正准备搬到新家去过冬。过了这个冬天，它们就是一周岁的鲤鱼了。

星期日

这个星期日，小学生们去帮助朝霞集体农庄的村民们挖甜菜、冬油菜、芜菁、胡萝卜和香芹菜。这些孩子们发现：芜菁比他们之中年龄最大的瓦吉克同学的头还大！可最令他们惊奇的，是大块头的饲用胡萝卜。

葛娜将一根胡萝卜立在她脚边，这根胡萝卜竟与她的膝盖一般高！胡萝卜的上半截也有一巴掌宽！

"古代人一定用这东西打仗，"葛娜说。"把芜菁当手榴弹用，肉搏的时候，就用大胡萝卜敲敌人的脑袋！"

"古代人根本培育不出这么大的胡萝卜啊！"瓦吉克反驳道。

"把小偷关在瓶子里"

这句话是红十月集体农庄一个严厉的养蜂员说的。

那天的天气很冷，人们没有将蜜蜂放出蜂房。盗蜜的黄蜂们正等这个机会呢！

它们飞到养蜂场去偷蜜了。还没飞到蜂房，它们就先闻到了蜂蜜味，接着看到养蜂场里摆着的一些装着蜂蜜水的瓶子。这时，黄蜂们改变了主意，大概它们觉得从瓶子里偷蜂蜜更快更安全吧！

它们试探着钻进瓶子里，不料中计了，人们封上瓶盖，它们就淹死在蜂蜜水里了。

猎事记

被骗的琴鸡

快要入秋的时候，一大群琴鸡集合在一起，群里有长着硬翅膀的黑色雄琴鸡；浅棕黄色，带斑点的雌琴鸡；也有小琴鸡。

一群琴鸡闹哄哄地落到浆果树丛里了。它们散开后，有的去啄坚硬的红越橘果；有的用爪子刨开草皮，去吞碎石和细沙——这些沙石能磨碎它们嗉囊和胃里比较硬的食物，有助于消化。

不知是谁在疾步行走，踏得干枯的落叶发出了沙沙的响声。

琴鸡们抬起头，一脸的警觉。

那东西向这边跑过来了！一只北极犬的脑袋在树丛间一闪而过，竖起两只尖尖的耳朵。

有的琴鸡非常不情愿地飞上树枝，也有的躲在草丛里。

北极犬在浆果树丛里乱窜，把琴鸡都吓跑了。

后来，它蹲在一棵树下，对准一只琴鸡"汪汪"地叫了起来。

琴鸡也直勾勾地瞅着它。过了一段时间，琴鸡在树枝上待烦了，就边在树枝上溜达，边盯着北极犬。

它心想："这只狗真讨厌！干嘛蹲在这儿不走？我肚子好饿，但愿它快点离开吧！等它走了，我就能飞下去啄浆果吃了……"

突然，随着"砰"的一声枪响，一只琴鸡掉到了地上。原来猎人趁它只顾着盯北极犬的时候，偷偷地走了过来，出其不意地给了它一枪。这群琴鸡扑腾着翅膀飞到了森林的上空，飞到离猎人比较远的地方去了。它们掠过一片片林中空地和小树的上空。它们能到什么地方歇脚呢？那里是不是也埋伏着猎人呢？

白桦林边几棵光秃秃的树顶上，蹲着3只黑琴鸡。它们显得非常泰然。看来白桦林中没有人，否则那3只黑琴鸡绝不会在这里安心地待着不动的。

受了惊的琴鸡群越飞越低，最后散落在这几棵树的树顶上。然而，原本蹲在此地的3只黑琴鸡依然像树墩子似的一动不动地站在原地，都没有转过头来看它们一眼。新来的琴鸡仔细打量着这3个同类，只见它们浑身乌黑，眉毛鲜红，翅膀上长着白斑，尾巴分叉，小眼睛又黑又亮。

此时没有一点异常。

"砰！砰！"

发生了什么事？枪声是从哪儿来的？怎么会有两只新来的琴鸡从树枝上掉下去了呢？

树顶上空有一阵轻飘飘的烟雾升起。不一会儿，烟雾就消散了。可是原来的那3只琴鸡居然还待在原地。新来的琴鸡们也眼巴巴地望着它们，没动弹。下面一个人也没有，何必要飞走呢？

新来的那群琴鸡把脑袋一转，四周打量了一下，又安心了。

"砰！砰……"

又一只雄琴鸡像一团泥似的叭嗒掉在地上了；另一只向树顶的上空蹿了出去，之后也跌下来了。这群琴鸡惊慌失措地飞了起来，在那只被打死的同类从高空跌到地上之前，就逃得不见踪影了。只有那3只黑琴鸡依然一动不动地待在原地。

这时，一个带枪的人从树下一间隐蔽的棚子里走了出来。他拾起死琴鸡，然后把枪靠在树上，爬上了白桦树。

白桦树顶上的那3只黑琴鸡还在深沉地凝视着森林上空。它们一动也不动的眼睛，原来都是些黑色的小玻璃珠子；它们的身躯是用黑绒布做的；嘴是用真正的琴鸡嘴做的；还有分叉的尾巴，也是用真正的琴鸡羽毛做的。

猎人取下一只琴鸡道具，从这棵树上爬下来，又爬到另一棵树上，取下另外两个琴鸡道具。

那些被骗的琴鸡正心惊胆战地在森林上空飞行。它们不时仔细地看着每一棵树，每一丛灌木，生怕再碰到新的危险。如何躲避这些诡计多端的猎人呢？你真的难以预料这些人会用什么方法来暗算你。

好奇的雁

猎人们都知道，雁是一种充满好奇心的动物。猎人们也知道，雁比任何鸟儿都谨慎。

有一群雁落在离河岸1公里远的浅沙滩上。那里人迹罕至，甚至都很少见到动物的影子。雁把头藏在翅膀下，将一只爪子缩起来，安稳地睡着大觉。

它们能这么安心，是因为有放哨的！这群雁的四面都站着一只老雁。老雁瞪着眼睛，全神贯注地观察着四周的动静，一点也不打瞌睡。在这样的情况下，我们可以看看它们是如何应付意外情况的。

有一只小狗在岸边出现了，放哨的老雁马上伸长脖子，全神贯注地盯着这只狗。

小狗在岸上东跑西颠，不知在沙滩上捡着什么。它根本不理会这些雁。

看来没什么可疑的地方。可是，好奇的雁总想知道这只狗在干什么，还是得走到跟前去看看……

一只老雁蹒跚地走到水边，跳进水里，轻轻的划水声又吵醒了三四只雁。它们也看到了小狗，于是也尾随着向岸边游去了。

它们游近一看，原来是有许多面包团儿从岸上的一块大石头后面飞出来，一会飞到东面，一会飞到西面。小狗就摇着尾巴，扑到沙滩上去捡这些面包团儿。

面包团儿是从哪来的呢？

是谁躲在石头后面呢？

这几只雁游到岸边，伸长脖子想看个清楚。可是，好奇的它们却被从石头后面跳出来的一个猎人，用很棒的枪法，全都打到水里去了。

6条腿的马

有一群雁在田里尽情地享受着美食，它们在四周都布下了放哨的，警惕着人或狗的靠近。

远处有几匹马在田野里走来走去，雁是不怕这些马的。众所周知：马的性情温和，又是食草动物，是不会侵犯飞禽的。

其中有一匹马，一边吃着又短又硬的残穗，一边向雁群这边走来了，而且越走越近。这倒没什么，即便它走到跟前，雁们也还是来得及飞起来的。

这匹马可真怪，它怎么有6条腿呢！真是个怪物——它有4条普通的腿，还有两条穿着裤子的腿。

放哨的老雁"咯咯咯"地叫起来警报,那群雁都把头抬起来了。

怪马慢慢地走近了。

放哨的老雁张开翅膀,飞到空中去侦察。

它从空中看见:马的后面还藏着一个人呢,那个人手中拿着枪!

"咯咯咯!咯咯咯!"前去侦察的雁发出逃走的信号,整群雁立刻张开翅膀飞离了地面。

沮丧的猎人在它们后面一连放了两枪,可惜它们早就飞远了,霰弹也打不着它们了。

雁群死里逃生了。

应 战

森林里每晚都能传出麋鹿大战的叫嚣声:"不要命的就出来厮杀吧!"这听起来真的很像战场上的号角声。

一只老麋鹿从它那长着青苔的洞穴里走了出来。只见它宽阔的犄角分了13个叉,身长约2米,体重约400千克。

谁敢挑战这林中的头号壮士呢?

老麋鹿迈着它笨重的蹄子,蹄印深深地留在了湿漉漉的青苔上。它气势汹汹地前去应战,挡路的小树都被它踩得七零八落。

敌手的叫嚣声又传来了。

老麋鹿用可怕的吼声作了回应。这声音真的很吓人,琴鸡群都扑扇着翅膀从白桦树上飞走了,胆小的兔子在地上蹦了个高,拼命冲进了密林。

"是谁胆子这么大?"

老麋鹿的双眼布满血丝,全力的冲向敌手。只见树木逐渐稀疏,它冲到一片林中空地上——原来战场在这里呀!

它从树后发起冲锋——它想先用犄角撞倒对手,再用沉重的身体压住对手,最后用锐利的蹄子把对手踩成肉泥。

直到枪声响起,老麋鹿才看见树后站着的是一个拿枪的人,他的腰间还挂着一个大喇叭。

老麋鹿慌忙地逃向密林,身上的伤口不断地淌着血,它虚弱得直打晃。

开禁了，我们去打野兔吧

出发了

像往年一样，报纸在10月15日登载了猎兔开禁的通知。

像8月初那时一样，大批猎人又挤满了整个车站。有的人带着一只猎犬，有的人牵着两只，甚至还有不止两只的。可是，这回带的猎犬已经不是猎人们夏天打猎时带的那种长鬈毛的猎犬了。

这回都是一些又大又健壮的猎犬，腿又长又直，头沉甸甸的，嘴巴很大，一身短粗毛，有黑色的、灰色的、褐色的、黄色的，还有火红色的；身上的斑纹颜色也不同，有黑斑纹、火红斑纹、褐色斑纹、黄斑纹和火红色中带黑的斑纹。

这是一些特种的猎犬，有公的也有母的。它们的任务就是跟踪猎物，把猎物从洞穴里轰出来，然后追着它们跑，边跑边叫，好让猎人知道猎物走的什么路线，兜的怎样的圈。如此一来，猎人就能拦截猎物，并迎面射击了。

在城市里养活这种大型猎犬是一件非常困难的事。因此许多人根本没有狗。我们这一伙人就是这种情况。

我们到了塞苏伊奇那儿，跟他一起围猎兔子。

我们一行12个人，占了车厢的3个小间。旅客们都惊奇地盯着我们这些人中的一个同伴看，然后微笑着交头接耳。也难怪这同伴如此引人注目：他是个大胖子，胖得连门都不好进。他的体重有150千克。

他不是猎人，是遵医嘱出来散散步的。他倒是个射击能手，我们都不如他打靶准。他跟我们一起去打猎，是为了在活动筋骨时增添乐趣。

围　猎

晚上，塞苏伊奇去林区的一个小车站上接我们去他家。我们在他家住了一晚。第二天一大早，我们这闹哄哄的一大伙人就出发去打猎了。塞苏伊奇又找来了12个集体农庄庄员作围猎喊场人。

我们在森林边停下来，然后我将写了号码的小纸片折成卷儿，扔到帽子里。我们12个射击手依次抓阄，抓到第几号，就站在第几号的位置。

喊场人都在森林外。塞苏伊奇根据各人的号码，排列了各自在宽阔的林间道路上站的位置。

我抓到了6号，我们的胖子抓到了7号。塞苏伊奇把我带到我的位置后，就过去安顿这位新手，告诉他猎场的规矩：不能沿着狙击线开枪，否则可能会打到旁边的人；当围猎喊场人的声音越来越近时，要停止射击；禁止打雌鹿；要根据信号行动。

大胖子的位置距离我有60步远。围猎兔子可不像猎熊，围猎狗熊时，射手之间的距离可以隔150步远。塞苏伊奇在狙击线上对人不留情面，我听到他正在教训大胖子："你怎么能往灌木丛里钻呢？这样开枪非常不方便的。你要与灌木丛并排站着，就站这儿吧。兔子是向下面看的，不客气地跟你说，你的腿就像两根大木头，请把腿叉开点，不然兔子会把您的腿当成树墩子的。"

塞苏伊奇安排好所有的射击手后，就跳上马，到林子外面去布置围猎的喊场人了。

还得再过好久，围猎才能开始呢。我打量着四周的环境。

前面距离我40步远的地方，有一些光秃秃的赤杨和白杨，还有叶子已经落了一半的白桦，还夹杂着不少黑黝黝、毛蓬蓬的云杉，这些树看起来就像一堵墙似的。可能再过一会儿，兔子就会从森林深处，穿过这道混合林墙向我这儿跑来，也可能会有琴鸡飞出来。如果我运气好的话，也许还会有林中巨禽——松鸡光临。不知我是否能打中它们。

时间过得好慢，就像蜗牛爬似的。不知道此时大胖子有什么感觉。

只见大胖子倒腾着双腿，也许他不想让兔子把他的腿当成树墩。

突然之间，两声又长又响亮的打猎号角声从寂静的森林外传来，这是塞苏伊奇催促围猎喊场人向我们推进的信号。

大胖子举起他滚圆的胳膊，端起双筒枪，枪杆子在他手里好像变成了一根手杖。他立定了，就这样一动也不动。

他可真是个怪人！预备姿势准备得也太早了，这样胳膊会发酸的。

还没听见呐喊的声音，就有人已经开枪了，狙击线的右面先有一声枪响，接着左面又有两声枪响。其他人都开始行动了，我却没有。

大胖子也打了两枪，他在打琴鸡，可琴鸡还是飞走了，他浪费了两颗子弹。

现在，我们隐隐约约能听见围猎喊场人低低的呼应声和用手杖敲击树干的声音了，两侧也传来了赶鸟器的声音，可还是没有什么猎物朝我这边跑过来。

好不容易，有一个白里带灰的东西过来了。它闪现在树干后面，我一看，原来是一只还没有换完毛的小白兔。

好啊，这可是送上门来的！嘿，这小鬼拐弯了！朝大胖子冲了过去……哎，大胖子，你还磨蹭什么？快开枪啊！开枪啊！

"砰！"

没打中。小白兔径直冲向大胖子。

"砰，砰！"

小兔子的身上腾起了一团灰白的烟雾。惊慌失措的小兔子，竟要从大胖子那树墩子似的双腿之间钻过去。大胖子赶紧把双腿一夹……

难道有人用腿夹兔子吗？

小白兔当然钻了过去，而大胖子庞大的身躯却倒在了地上。

我笑得气都喘不过来了，眼泪都笑出来了。正在这时，我看到又有两只白兔从林子里蹿到了我的面前，可我却不能开枪，因为这两只兔子是沿着狙击线跑的。

大胖子先是慢慢地跪起身，随后站了起来。他把大手里抓着的一小团白毛，伸给我看。

我冲他喊道："你没摔伤吧？"

"没有，我好歹还把小兔子的尾巴尖给夹下来了。这真的是兔子的尾巴尖！"

他可真是个怪人！

第一次围猎结束了。喊场人从森林里跑了出来，都向大胖子奔了过去。

"叔叔，你是个神父吧！"

"肯定是个神父！瞧他那个大肚子！"

"胖得都让人有点不能相信啦！一定是他把打到的野味儿都塞进衣服里

了，所以才这么胖的。"

这位可怜的射手呀！这要是在我们城里的打靶场上，谁会相信他能出这种洋相！

这时，塞苏伊奇又在催着我们去田野上进行第二次围猎了。

我们这闹哄哄的一大群人，又沿着林中道路往回走。一辆载着猎物的大车跟在我们后面，也载着大胖子。他太累了，不停呼哧呼哧地喘气。

猎人们并不同情这可怜虫，不停地对他冷嘲热讽。

道路拐角处的森林上空，突然出现了一只大黑鸟，个头足有两只琴鸡那么大。它沿着道路，从我们头顶飞了过去。

所有人都急忙端起了枪，顿时枪声大作，响彻了整个森林。每一个人都急匆匆地开枪，想要得到这只难得的猎物。

黑鸟飞着，飞着，已经飞到大车的上空了。

大胖子也把枪端了起来，不过他还是稳稳地在车上坐着。双筒枪在他粗胳膊的衬托下，像一根小手杖。

他开枪了。

所有人都看见大黑鸟像断了线的风筝一样，在空中戛然停止了飞行，然后像块木头似的掉到了道路上。

"嘿，真棒！"一个集体农庄庄员赞叹道，"真是神枪手啊！"

我们这些猎人都难为情地不吭声了：大家不是都放枪了吗！只有人家打中了。

大胖子拾起猎物，那是只有胡子的老雄松鸡，它比兔子还沉呢！这只野禽很值钱，我们每一个人都会情愿用自己今天的全部猎物来交换它。

没有谁再嘲笑大胖子了。大家甚至都忘了他用腿夹兔子的这件事了。

《森林报》特约通讯员

呼叫东南西北

注意！注意！
我们是《森林报》编辑部。
今天是9月23日，秋分。今天我们继续全国无线电通报活动。

请注意，请苔原、原始森林、草原和海洋都来参加！

请讲一讲你们那里的秋天是什么情况？

回应！回应！

来自亚马尔半岛苔原的回应

我们这儿是一片荒凉的景色。鸟儿在夏天的时候曾在岩石上聚集，可是此时在岩石上，再也听不到鸟儿的叫声了。小巧玲珑的鸣禽都飞走了，雁、野鸭、鸥、乌鸦等飞禽也都飞走了。我们这里四周一片静寂，只偶尔有一阵骨头相撞的可怕声音，那是雄鹿在争斗时，犄角碰撞的声音。

8月的早晨已经很冷了。此时有多处水面都被冰封住了。人们早就把捕鱼的帆船和机动船开走了。有几条轮船耽搁了几天行程，结果就被冰封在了海面上。一条笨重的破冰船正在冻实了的冰原上为它们开路呢。

白昼越来越短了。长夜漫漫，寒气逼人。只有一些白色的苍蝇仍在空中飞舞着。

来自乌拉尔原始森林的回应

我们这里正忙着迎来送往。我们迎接的是从北方苔原来我们这儿的鸣禽、野鸭和雁。但它们只是过客，停留的时间不长：今天歇歇脚，吃点东西，等明天你再去看它们时，它们已经不在了。原来，它们在半夜的时候就从从容容地飞往远方了。我们欢送的是在我们这儿过夏的鸟儿。我们这里大部分的候鸟已经踏上了遥远的旅程，去温暖的地方过冬了。

一阵阵风把白桦、白杨和花楸树上枯黄或是发红的叶子扯了下来。落叶松的针叶变成金黄色，柔软的针叶也变粗硬了。一到晚上，一些笨重的、长着胡子的雄松鸡就会飞到落叶松枝上来，这些浑身乌黑的鸟儿蹲在柔和的、金黄色的针叶间觅食松果。榛鸡在黑黢黢的云杉间鸣叫着。

还有很多红胸脯的雄灰雀与浅灰色的雌灰雀、深红色的松雀、朱顶雀和角百灵。这些鸟儿也来自北方，它们飞到我们这儿就停下来了，可能它们觉得待在这里也不错吧！

田野越来越荒凉了，细长的蜘蛛丝在晴朗的白日里被微风吹拂着，飘荡在田野的上空，最后一批三色堇还在某处盛开着。桃叶卫矛灌木丛上也悬着许多好看的鲜红的小果实，它们长得很像中国的小灯笼。

我们就要挖完最后一批马铃薯了，正在收最后一批蔬菜——卷心菜，然后把蔬菜和水果装满整个地窖，还要去原始森林里采集坚果。

小野兽们也不甘落后。长着一条细细的小尾巴、背上有五道显眼黑条纹的地鼠——金花鼠，把好多坚果都拖到树墩子下了，它们还从菜园里偷走了不少葵花籽。它们的仓库被装得满满的。棕红色的松鼠把蘑菇放在树枝上晒。它们也穿上了换季的衣服——淡蓝色的"皮大衣"。森林里的长尾、短尾野鼠和水鼠都在把各种谷粒搬到它们的仓库里。带斑点的乌鸦、星鸦也在往树洞或是树根底下搬运坚果，以备不时之需。

熊也给自己找好了窝，它此时正在用脚爪撕云杉的树皮做床垫呢。

一切生物都在准备过冬，个个都在辛勤地忙碌着。

来自沙漠的回应

我们这儿正处于节日欢乐的气氛之中，对于沙漠来说，这个季节是生气勃勃的春天。

难忍的酷暑消退了，我们迎来了一场又一场的喜雨。这里空气清新，远处的景物轮廓分明。草又变绿了，以前躲避炎炎夏日的动物也回来了。

甲虫、蚂蚁和蜘蛛都从地下爬了上来；细爪子的金花鼠也从深深的洞里钻了出来；拖着一根长尾巴的跳鼠，像小袋鼠似的在地上蹦跶着；沉睡了一个夏天的巨蟒醒过来后，就盯上了这些跳鼠；沙漠中忽然出现了猫头鹰、草原狐、沙漠猫等动物；体态轻盈、善于奔跑的黑尾羚羊、弯鼻羚羊在草原上跳跃着；鸟儿也飞来了。

沙漠有了一副新模样，此时这里像春天一样，绿意盎然，生机勃勃。

我们继续在沙地中漫游。

我们营造了巨大的防护林带，绿化了成百上千公顷的土地。这一大片森林将保护田野，使其免受沙漠热风的侵袭，并将沙漠变成绿洲。

来自"世界屋脊"帕米尔山脉的回应

我们这儿的帕米尔山脉真高啊，因此被人们称为"世界屋脊"。有些山峰的高度在7公里以上，看上去直入云霄。

我们这儿的秋天既有夏天的景色，也有冬天的景色——山下是夏天，山上是冬天。

不过随着天气变凉，冬天开始往山下转移，从云端往下降。动物们也往下搬迁了。

有一种野山羊，夏天时住在凉爽的悬崖峭壁之上，现在它们率先搬家了，因为山上所有的植物都埋在了雪里，它们没有食物了。

绵羊也离开了它们在山上的牧场，下山来了。

夏天时生活在高山草场上的一大群肥肥的土拨鼠，此时都消失了。原来它们躲到了地底下。它们把自己养得膘肥体胖，又备好了过冬的食物，所以现在就躲进了地洞，还用草团堵住了地洞入口。

鹿也沿着山坡走了下来。野猪躲进胡桃树、黄连木树和野杏树丛林里度日。

山下的溪谷和深谷里，突然来了一批夏天时从未在这儿出现过的鸟儿，比如角百灵、烟灰色草地鹨、红胸鸲和一种神秘的蓝鸟——山鸹。

此时有鸟儿成群结队地从遥远的北方飞到我们这一带温暖的地方来了，因为这儿有的是食物。

山下常会下雨。随着一场又一场的秋雨，冬天离我们越来越近了，这时山上已经在落雪了！

人们正在田里采棉花，在果园里摘各种水果，在山坡上采胡桃。

白雪已经将山顶上的道路覆盖了，众人难以通行。

来自乌克兰草原的回应

我们这儿有好多活泼的小球，此时正在被灼热的太阳晒焦的平坦草原上跳跃着。它们飞到人的面前，把人团团围住，有的还往人的脚上扑，可人们并没有感觉到痛，因为它们真的很轻。其实它们不是什么球儿，而是一团团圆圆的枯草茎，草茎的尖向四边翘着。这些小草团儿飞过了土堆和石头，飞到了小丘的后面。

这风把一丛丛成熟的草儿连根拔了起来，然后再把它们卷成小球，像推车轮似的，推着它们满草原跑，草儿们就趁着这个机会，一路撒播自己的种子。

热风很快就无法肆意游荡在草原上了。我们造的森林带已经开始发挥保护庄稼的作用了，这样庄稼就不会被旱灾毁掉了。连通伏尔加河和顿河的列宁通航运河的河水也被引进了这里的灌溉渠。

现在，正是打猎的好时候。草原湖的芦苇丛里聚集着大量沼泽野鸟和水鸟，有本地的，也有路过的。小峡谷里的荒草地里有很多胖胖的小鹌鹑。草原上也有好多兔子呢——是清一色带着棕红色斑点的大灰兔，我们这里没有白兔。狐狸和狼也有好多呢！你想用枪打，就打吧！你想放猎犬去捉，就捉吧！

西瓜啊，香瓜啊，苹果啊，梨啊，李子啊什么的，在城里的市场上都堆成小山了。

来自太平洋的回应

穿过北冰洋的冰原，我们渡过亚洲和美洲之间的海峡，然后就进入了太平洋的广阔水域。在白令海峡和鄂霍次克海里，我们常能碰到鲸。

想不到这世上竟有如此令人惊奇的野兽！它们的块头、重量和力气简直令人难以想象！

我们亲眼目睹了一头被人拖到一艘大轮船（捕鲸船）甲板上的鲸，它不是露脊鲸，就是鲱鲸。这头鲸有21米那么长，相当于6头大象头尾相连的长度！它的嘴里可以放得下连同荡桨人一起的一艘木船。光是它的心脏，就重达148千克，能抵得上两个成年男子的体重。它总重55000千克，也就是55吨重！

如果我们能做一架巨大的天平，将这头鲸放到其中一个盘里，那么就得在另一个盘里装1000个人才能维持平衡，也许那么多的人也抵不过鲸的重量呢！更何况这头鲸并不是最大的，还有一种蓝鲸，长度达33米，重量达100多吨！

鲸的力气非常大，有时被带绳索的标叉叉住的鲸，竟然能拖着轮船走上一天一夜，更糟糕的是，万一它潜进水里，轮船也会被它拖下水。

过去轮船被鲸拖下去的情况时有发生，现在就很少了。我们还很难相信这是真的！差不多一眨眼的工夫，在我们面前横着的这个怪物（恰似一座力大无穷的肉山）就被捕鲸人杀死了。

原来不久之前，捕鲸人还从小船上往下投短标枪，也就是用短一点的标叉打鲸。也就是水手在小船头上站着，往鲸身上投鱼叉。后来，捕鲸人开始在轮船上，用特制的炮去打鲸，炮筒里装的不是炮弹，而是带绳索的标叉。我们看到的这只鲸就是被这样的标叉击中的，不过打死它的并不是铁叉，而是电流，这种标叉上装着两根电线，电线的另一头与船上的发电机相连。在标叉像针似的戳进这个巨大动物身体的一瞬间，那两根电线就连上了，于是鲸就被强大的电流给电死了。

它抖了几下，两分钟后就死了。

我们在白令海峡附近还见到了海狗，在铜岛附近见到了一些大海獭，它们正带着小海獭玩耍。这些野兽的毛皮非常贵重，过去它曾一度被滥杀，以致差一点灭绝。后来，在政府制定的法律的严格保护下，海獭的数目很快就上升了。我们在堪察加河岸边，还看到了一些巨大的，几乎有海象那么大的海驴。

但当看到鲸之后，就会觉得那些海兽都很小了。

鲸在秋季时离开我们，去热带水域里生小鲸了。明年鲸妈妈就会带着小鲸重返我们这儿——太平洋和北冰洋。至于那些仍在吃奶的小鲸，个头也比两头牛还要大呢！

我们这里的人是不打小鲸的。

我们与全国各地的无线电通报活动就到此结束了。

下一次通报，也就是今年的最后一次通报活动，将在12月22日举行。

储存粮食月
（秋季第二个月）

一年——分为12个章节的太阳诗篇

10月是落叶的月份，泥泞满地，天气初寒。

瑟瑟的西风从森林里扯下了最后一批残叶。此时阴雨连绵，一只湿漉漉的乌鸦，无限落寞地蹲在篱笆上，它也快上路了。在本地度夏的灰色乌鸦，此时已经无声无息地飞向南方了，而它们生活在北方的同类却悄悄地向我们这儿飞来了。其实乌鸦也是候鸟。生活在遥远北方的乌鸦跟我们本地的秃鼻乌鸦一样，是那种春天最先飞来，秋天最后飞走的候鸟。

秋天完成了它的第一件事——给森林脱掉衣裳，现在就开始做第二件事——让池塘里的水越来越凉。到了早上，水洼会被一层松脆的冰碴覆盖。与天空中相同，水里的动物也越来越少。夏天时曾在水上大放异彩的花儿，早就把种子丢进水底，把长长的，已伸出水面的花梗缩回了水下。鱼儿则去深坑里定居了，因为深坑里不会结冰，是过冬的好地方。在池塘里住了一夏的动物，此时也从水里钻了出来，爬到树根下，在有青苔的地方住了下来。我们这儿的死水都被冰封住了。

有些陆生动物的血本来就是冷的，现在则变得更冷了。飞虫、老鼠、蜘蛛、蜈蚣等动物都不知躲到哪儿去了；蛇爬到干燥的洞里盘作一团就冬眠了；蛤蟆钻到了烂泥里；蜥蜴趴在树墩子脱落的树皮下，就在那儿冬眠了。有的野兽穿上了保暖的皮外套；有的，正往自己仓库里搬运粮食；有的在为自己打洞盖窝，都在为过冬做准备呢……

林中大事记

准备过冬的林中居民

尽管现在天气还不太冷，但也不能麻痹大意啊！眼看着周围就要变成冰天雪地了，那时去哪儿找食物呢？又该去哪儿躲避呢？

林中的居民们都在按照自己的方式做着过冬的准备。

长着翅膀的，都飞到别处过冬了；留下来的，都忙着往自己的仓库里储存过冬的粮食。

短尾野鼠干得特别起劲，许多野鼠直接在柴垛，或是粮食堆里掘个洞，然后在每天夜里偷运粮食。

它们的每一个洞里都有五六个通道，每一个通道都有洞口。此外，还有一间卧室、几间仓库。

野鼠要等到冬季非常寒冷的时候才会睡觉，因此它们储藏了好多粮食。在有些野鼠洞里，居然有多达四五斤的粮食呢！

这些小型啮齿类动物常去庄稼地里偷粮食。所以我们得提防它们。

过冬的小苗

树木和那些多年生的野草种族，都做好了过冬的准备。一年生的野草已经播下了种子。不过，并不是所有一年生的草种都这么过冬。有的草种当年就发了芽，长成了小苗。

还有很多一年生的杂草，在翻过土的菜园里长了起来。我们可以在荒芜的黑土地上，看到荠菜的一簇簇锯齿状小叶子；还有长着毛茸茸的、紫红色小叶子的与荨麻叶相仿的野芝麻苗；还有小巧的香母草、三色堇、犁头菜的小苗，当然还有惹人厌的紫缕苗儿。

这些小植物都要在雪下熬过整个寒冬。

准备好过冬的植物

多枝杈的椴树上那些棕红色的斑点，在雪地上非常显眼。树上的棕红色斑点并不是叶子，而是坚果上带着的那种，长得像小舌头的小翅膀。椴树的枝杈上结满了这种小坚果。

不仅是椴树身上有这种装饰，像桦树这种高大的树，上面挂着多少干果啊！那些又细又长的干果，长得很像豆荚，一簇一簇、密密麻麻地在树上挂着。

身上装饰最漂亮的，要数花楸树吧！花楸树上直到现在还挂着一串串鲜亮的、沉甸甸的浆果呢！小檗（niè）丛上也有浆果。

桃叶卫矛的枝头也点缀着奇妙的果实，长得很像带黄色雄蕊的玫瑰花。

有些乔木没来得及在入冬前播下种子。

白桦树的树枝上，挂着东一串西一串的干枯的葇荑花序，里面藏着翅果。

赤杨的黑色小球果也没落呢！不过，白桦和赤杨的葇荑花序，都在等着春天。只要春天一到，它们就把身子伸直，把鳞片张开，这样就能把种子播撒出去了。

榛树也长着粗大的、暗红色的葇荑花序，它的每根树枝上都长着两对。不过，榛树上早就没有榛子了。榛树把什么事都安排得很好，它已经安顿好了自己的后代，也做好了入冬的准备。

尼娜·巴甫洛娃

水老鼠储藏蔬菜

短耳朵的水老鼠，夏天的时候就在小河边的别墅地下住着。它在那儿打了个洞，洞里有一个通道，斜着向下直通到河里。

现在，水老鼠又搬到了离水较远的一个有很多草墩子的草场上，在那儿为自己盖好了一间又舒服又暖和的冬季住宅。那里有好几条通道，每条都有100米长或是更长。

它把卧室设在一个极大的草墩子下，窝里垫着柔软、暖和的草。

它还打了几条专用通道，将储藏室和卧室连了起来。

它把储藏室打理得井井有条——将从地里和菜园里偷来的粮食、豌豆、蚕豆、葱头、马铃薯等，有条理地、分门别类地摆着。

松鼠的晾物台

松鼠在树上做了几个圆窠，它将其中一个圆窠当成仓库，里面储藏着它从林中收集的小坚果和球果。

此外，松鼠还采集了一些像油蕈和白桦蕈这类的蘑菇。它把蘑菇穿到折断了的松枝上晾干。冬天一到，它就去树枝上吃那些干蘑菇。

寄生式储藏室

姬蜂为它的幼虫找到一个奇怪的储藏室。姬蜂不但有一双能飞得很快的翅膀，在它那朝上卷曲的触角下，还长着一双敏锐的眼睛。它有一个极细的腰，将它的胸部和腹部分成了两截；与腹部连着的尾巴尖上，有一根像针似的细长、挺直的尾针。

夏天的时候，姬蜂需要找到一条肥大的蝴蝶幼虫。它扑到幼虫身上，用它的尾针去刺幼虫的皮肤，这样幼虫身上就被它钻出了一个小洞，它会在小洞里产卵。

姬蜂飞走后，受惊吓的蝴蝶幼虫很快就能恢复常态，又继续吃树叶了。一到秋天，蝴蝶幼虫就会结茧，化成蛹。

此时，在蛹里面的姬蜂幼虫也被孵出来了。它们就待在这又暖和又平安的茧里面。而蝴蝶幼虫的蛹，就成了姬蜂幼虫的食物，足够吃上一年的。

等下一个夏天到来的时候，从裂开的茧里飞出来的不是蝴蝶，而是身子细长笔直，黑红黄三色相间的姬蜂。姬蜂是人类的朋友，因为它帮助我们消灭了害虫的幼虫。

自携式储藏室

有不少野兽并不专门给自己造储藏室，而是用自己的身体作储藏室。

它们在秋天时大吃大喝几个月，把自己吃得肥肥胖胖的，在皮下积累一层厚厚的脂肪。脂肪就是它们储藏的食物。等到它们找不到食物的时候，脂肪就会渗到血液里，就像养料透过肠壁似的，血液会把脂肪中的养料输送到全身。

冬眠的熊啊，獾啊，蝙蝠啊，和其他大大小小的野兽，都是这么熬过寒冬的。它们先吃得饱饱的，然后就倒头大睡。脂肪还可以保暖，不让寒气渗进身体里。

贼被贼偷

森林里的长耳鸮是一种狡猾又爱偷东西的动物。可像它这样的贼竟然也被贼偷了。

光从外表上看，长耳鸮长得极像雕鸮，只是个头小了一些。长耳鸮的嘴巴像个钩子，头上的毛竖着，眼睛又大又圆。不管夜有多黑，它什么东西都能看清，什么动静都能听见。

只要老鼠在枯叶堆里发出窸窸窣窣的响声，长耳鸮就能马上飞到那里。只听"笃"的一声，老鼠就被它抓到半空中去了。只要有小兔子跑在林中空地上，这个强盗立刻就飞到它的上空。"笃"的一声，兔子就只剩在它利爪下挣扎的份儿了。

长耳鸮把被它啄死的老鼠叼回自己的树洞。吃饱后，自己不吃，也不留给别人吃——它会存起来，等到冬天没有食物时再吃。

长耳鸮白天时待在树洞里，看守着它储存的猎物，夜里就飞出去打猎，但也会不时回树洞里看看存粮还在不在。

长耳鸮有一天忽然发觉：它的存粮好像变少了。这位主人虽然不会数数，但是它眼睛很尖，会用眼睛盘算。

又到黑夜了，长耳鸮也饿了，就飞出去找食。等它回来一看，洞里储存的老鼠一只也没有了！只见树洞下，有一只和老鼠的个头差不多的灰色小野兽在动弹。

它想把那只小野兽抓住，可是那个小偷早就蹿过一个小树坑，逃掉了。嘴里还叼着一只小老鼠呢！

长耳铥跟了过去，差不多就要追上了，这时它定睛一看，原来小偷是凶猛的伶鼬，它只好放弃那只小老鼠了。

伶鼬专干抢劫偷窃的勾当。它个子虽小，但是既敏捷又勇敢，敢抢长耳铥的食物。若是长耳铥被伶鼬咬住胸脯，就休想活命了。

夏天回来了吗

天气忽冷忽热的。刺骨的寒风刮来的时候，就要冷上几天；可是太阳一出来，就又是风和日丽的好天气。这时，人们就会感觉夏天回来了。

蒲公英和樱草的小黄花把小脑袋伸出草丛；蝴蝶在空中飞舞；蚊虫集聚在一起，在空中盘旋着，就像一根根漂浮在空中轻飘飘的柱子似的；不知从哪儿跳出一只小巧玲珑的鹡鸰，翘起尾巴唱起了歌，歌声是那么激扬，那么嘹亮！

高高的云杉上传来了柳莺姗姗来迟的、如怨如慕的缠绵歌声，那歌声那么轻巧、那么忧郁，就像雨点轻轻地打在水面上。

这时，你会忘记冬日已近这个事实。

小鱼和青蛙受惊了

池塘结冰了，池塘里的动物也被冰封在了池塘里。可是后来在一个暖和的日子里，冰又突然融化了。集体农庄里的庄员们决定把池塘底部清理一下。他们从池底挖出了一堆淤泥，然后就走开了。

太阳暖洋洋的。有一股蒸气从泥堆里冒了出来。忽然之间，有一团淤泥在动弹，原来是一小团淤泥离开了泥堆儿，正满地打滚呢！这是怎么回事儿呢？

有一条小尾巴从一个小泥团里露了出来，不断地在地上抽动着。扑通一声，跳回了池里。紧接着，第二个小团儿，第三个小团儿也跳了下去。

可是还有一些小团儿却伸出小爪儿，跳到池塘边。真是怪事啊！

其实这不是什么小泥团儿，而是浑身裹满了泥巴的活鲫鱼和活青蛙。

为了过冬，它们就钻到池塘底部了。人们把它们连同淤泥一块挖了出来。太阳把烂泥堆晒热了，于是鲫鱼和青蛙就都醒了。它们一醒就跳起来了，鲫鱼回池塘了，青蛙则去寻觅另一个清静的地方，免得再被人们吵醒。

几十只青蛙好像是商量好的，不约而同地奔向大路后面的打麦场那边，那里有一个更大、更深的池塘。青蛙们已经跳到大路上去了。

但是，秋天里的太阳送来的温暖是不可靠的。

乌云不一会儿就把太阳遮住了。一阵阵寒冷的北风侵袭了人间。这些赤身露体的小青蛙们冷得要命，它们用力地跳了几下，但还是没撑住，腿脚冻得麻痹了，血液也凝固了，身体变得直僵僵的，动弹不了了。

青蛙再也跳不动了。

所有的青蛙都被冻死了。它们死的时候，脑袋都朝着大路那边大池塘的方向，那里有的是能救命的暖和淤泥。

红胸脯小鸟

夏天的某一天，我在森林里走着，听到茂密的草丛里有响声。起初我有点害怕，后来我仔细观察，原来是一只小鸟被青草绊住，出不来了。这只小鸟个头小，浑身上下都是灰色，只有胸脯那一块是红色。我很喜欢它，就把它带回了家。这只小鸟给我带来了很多欢乐。

一到家里，我就拿了一点面包渣给它吃。它吃了点东西后，就变得活泼了。我为它做了个笼子，还捉了些小虫。就这样，它在我家里住了整整一个秋天。

有一天我出去玩，忘记关好笼子了，结果我家的猫就把这只小鸟吃掉了。

我非常喜欢这只小鸟，还为此大哭了一场。可除了后悔，什么都不能挽回了！

《森林报》通讯员奥斯丹宁

捉到一只松鼠

松鼠夏天的时候总是忙着采集粮食，好留着冬天吃。我曾亲眼看到一只松鼠从云杉上摘下了一个球果，然后拖到自己的洞里。后来，我就在这棵树上做了一个记号。过了一段时间，我们砍倒了这棵树，把树洞里的松鼠掏了出来，发现树洞里已经积攒了很多球果。

我们把这只松鼠带回家，养在笼子里。有个淘气的小男孩把一个手指伸进笼子里，结果，松鼠一口就咬穿了那个手指，它可真够狠的！我们喂它很多云杉球果，它挺喜欢吃云杉球果的，不过最爱吃的还是榛子和胡桃。

知识小问答：松鼠最喜欢吃什么？

《森林报》通讯员斯米尔洛夫

我的小鸭

我妈妈在一只母吐绶鸡的身子下放了3三枚鸭蛋。

到第四个星期，有好几只小吐绶鸡和3只小鸭孵了出来。在这些小家伙还没长壮实的时候，我们只好把它们放在温暖的地方养着，没敢让它们出门。过了一段时间，我们让母吐绶鸡带着小鸡和小鸭第一次出门了。

我家旁边有一条水沟，小鸭一到这里就摇摇摆摆地想要去沟里游泳，母吐绶鸡连忙跑过来，着急地大声喊着："哦！哦！"因为吐绶鸡是不会游泳的。但后来，它看见小鸭们在水里游得很自在，就放心地带着小鸡走开了。

小鸭们游了一小会儿，就觉得冷了，它们从水里爬出来，唧唧地哭叫着，浑身瑟瑟发抖，可这里没有地方取暖啊！我捧起它们，把手帕盖在它们身上，把它们送回屋子里去了。一到温暖的家后，它们就安静了。我一直这样精心呵护它们。

在大清早的时候，我把3只小鸭放出来，它们会立刻跳进水里玩。要是它们觉得冷了，就立马往家跑。小鸭的翅膀还没长齐，所以飞不上台阶，于是就在外面叫唤起来。

这时，我的家人就会把它们捉到台阶上，这3个小家伙就会进屋，径直朝

我的床跑过来，然后站在床边伸长脖子叫唤。而我那时还正睡觉呢。妈妈就会把它们捉到床上，它们一上床就钻进我的被窝里睡着了。

入秋的时候，它们已经长大了，我也进城去上学了。我的小鸭子还常常会想念我，总是叫唤。我听说后也很难过，哭过很多次。

《森林报》通讯员薇拉·米赫伊娃

星鸦之谜

我们这儿的森林里，有一种比普通的灰色乌鸦个头小一点，浑身布满斑点的乌鸦。我们都叫它星鸦，西伯利亚人却叫它星鸟。

星鸦采集松子，并将其储藏在树洞里，或是树根底下的窝里，用来做过冬的食物。

一到冬天，星鸦就到处游荡，饿的时候就去树洞里或窝里吃松子。

它们吃的是自己的存粮吗？不是的。每一只星鸦都会吃它们同族储藏的粮食。若是它们飞到一片从未去过的小树林，马上就会去寻找其他星鸦的存粮。它们会查看所有树洞，总能找到吃的。

藏在树洞里的松子当然不难发现。可是星鸦藏在树根下，或是灌木丛下的松子可怎么找呢？冬天的大地都被白雪覆盖了呀！不过星鸦自有办法。

它们会飞到灌木丛边，将灌木丛下的雪刨开，反正总能够找到同类们藏在那儿的松子。奇怪了，这里有上千棵乔木和灌木，它怎么就知道松子藏在这棵树下呢？难道是凭着什么记号找到的？

这一点还有待我们做一些试验，弄清楚星鸦究竟是怎样在白茫茫雪地里，找到其他星鸦的存粮的。

好可怕

树叶都掉光了，森林显得稀稀落落的。

林子里有一只小白兔，伏在灌木丛下向上东张西望。它心里非常害怕，因为总能听到周围有窸窸窣窣的响声——是老鹰在树枝间扑扇翅膀吗？还是狐狸踩着落叶沙沙地响呢？这只小兔正在换毛，浑身有好多斑点，但越来越

白了。就盼着头一场雪呢！这样的话，它就不容易被其他野兽发现了。可现在四周那么明亮，森林里五彩斑斓的，大地上铺满了黄色、红色以及棕色的落叶，它是多么显眼啊！

万一猎人来了怎么办？

跳起来逃跑？可是该往哪儿跑呢？一跑的话，就会踩得枯叶沙沙乱响。这脚步声也能把自己给吓晕呀！

小白兔趴在灌木丛下，用青苔遮蔽着自己的身体，紧贴着一个白桦树墩子，气都不敢出，一动也不敢动，只是惊恐地东张西望着。

真的好可怕呀！

"女巫的笤帚"

此时的叶子都落了，所以树木都光溜溜的，我们能看到它们上面有一团团黑糊糊的东西，这些东西在夏天的时候根本看不到。瞧，远处有一棵白桦树，树上好像全是秃鼻乌鸦搭的窠。可是走近一看，就会发现那才不是鸟窠呢，而是一束束散向四方的干枯树枝。人们都把它们叫作"女巫的笤帚"。

我们回想一下关于老妖婆和女巫的民间故事吧！老妖婆乘着飞臼在空中飞行，然后用笤帚一路上把自己的痕迹扫掉，女巫则骑着笤帚从烟囱里飞出来。

无论是老妖婆还是女巫，似乎都离不开笤帚这个法宝。于是她们用妖术把药涂在几种不同的树木上，所以树枝上会长出像笤帚似的，难看的细条。讲故事的人就是这么编的。

当然，这种解释是不科学的。科学的解释是：这种树枝实际上得了丛枝病。这种病是由一种特别的扁虱，或是一种特别的菌类引起的。这扁虱又小又轻，一阵风就能把它刮得满森林飞。扁虱要是落在树枝上，就会钻进叶芽里寄生。

树的生长芽其实是一种带有叶胚的芽，将来会发育成嫩枝的。扁虱并不会去伤害它们，但它却会吸食芽的汁液。不过，由于芽被它们咬伤，受其分泌物的感染，树就患病了。等到病芽开始发育时，嫩枝就会以神奇的速度疯长，其生长速度是普通枝条的6倍。

当病芽发育成一根小枝时，小枝又立刻长出侧枝。扁虱的下一代爬到侧枝上，让侧枝又长出侧枝。就这样不断地分枝，使原来只长一个芽的地方，生出了一把奇怪的"女巫的笤帚"。

只要有一个寄生菌的孢子进入芽，树就会患上丛枝病。

这是树的一种常见病。桦树、赤杨、山毛榉、千金榆、槭树、松树、云杉、冷杉和其他乔木、灌木上，都可能长出"女巫的笤帚"。

活着的纪念碑

此时，植树活动正进行得热火朝天。

在这项欢快的公益活动中，孩子们比大人更积极。他们小心地挖出冬眠中的小树苗，尽量不伤害树根，然后把树苗移植到新的地方。春天的时候，小树苗从冬眠中醒来，就会茁壮成长，给人们带来无尽的喜悦。每一个参与这项活动的孩子，哪怕只栽种或是照料过一棵小树，都是为自己在生前立了一座美好的绿色纪念碑——这是一座活着的纪念碑，永垂不朽。

孩子们想出了非常好的主意：他们在花园、菜园和学校的园地里弄了一些活篱笆。这篱笆里都是灌木和小树，栽得密密麻麻的。它们不仅能阻挡尘土和飞雪的侵袭，还能招来许多鸟儿来这藏身。夏天一到，人类的好朋友——莺鹟、知更鸟、黄莺等鸣禽，将在这些活篱笆里筑窠，孵出幼鸟，它们会热心地守护着这里，不让害虫来侵犯。它们还会为我们唱一些欢乐的歌儿。

有些少年自然科学家夏天时曾去克里木考察，从那儿带回了一种有趣的灌木——（列娃树）的种子。春天的时候，我们可以播下这些种子，然后它们就能长成很好的活篱笆。不过，我们需要在这种活篱笆上挂个"请勿触碰"的牌子，这种活篱笆就像勇敢的武士，它不放任何人穿过它那密实的屏障。列娃树像刺猬那样戳人，像猫那样挠人，像荨麻那样灼人。让我们拭目以待，看什么鸟会选中这位严厉的看守来当自己的保卫者。

候鸟离乡记（续完）

候鸟搬家之谜

为什么候鸟飞行的方向各不相同呢？有的向南飞；有的向北飞；有的向西飞；有的向东飞。

为什么有的鸟一直等到结冰、落雪、找不到食物的时候，才离开我们。而有的鸟（比如雨燕），尽管它飞走的那天周围还有充足的食物，却依然严格地按照固定的时间表离开我们呢？

关键问题就在于——它们是怎么知道自己的飞行方向、越冬地点，以及飞行路线的呢？这件事真是令人捉摸不透！比如在莫斯科，或是列宁格勒附近一带生长起来的鸟，却要飞到南非洲或是印度过冬。我们这儿还有一种飞行速度很快的小游隼，它居然要从西伯利亚一直飞到远在天涯海角的澳大利亚去过冬。可在澳大利亚住不了多久，它就又要飞回西伯利亚来过春天了。

原因并没有那么简单

这个问题好像很简单：它们既然长着翅膀，那么它乐意往哪儿飞，就往哪里飞呗！这儿天气变冷了，没有吃的了，就扑扇着翅膀往南边暖和点的地方飞，要是那儿天气也变冷了，就飞得再远点，遇到一个气候适宜，食物充足的地方，就留在那里过冬吧。

事实并非如此。我们本地的朱雀会一直飞到印度，而西伯利亚的游隼途经印度和几十个适合过冬的热带地区都不落脚，却非要每年都飞到澳大利亚去，这是为什么呢？

这就表明：候鸟翻山越岭，千里迢迢地飞往遥远的地方去过冬，并不仅仅由于饥饿与寒冷这么简单的原因，也有鸟类本身的一种莫名的、比较复杂的、强烈的、无法克制的感觉。

众所周知，在远古时期，苏联大部分地区曾屡次遭到冰河的侵袭。冰河以排山倒海之势，吞噬了大片平原，之后几次退去后又卷土重来，每个过程都持续了上百年，所以地上的一切生物几乎都惨遭灭绝。

鸟类靠它们的翅膀得以保全性命。最早飞走的那批鸟，占据了冰河边缘的土地；下一批鸟儿飞得更远一些；再下一批鸟儿，就得飞得再远一些。这情景就像玩跳马游戏似的。等到冰河退去的时候，被冰河逼走的鸟儿又重返故土。

而那些离故乡不远的，就最先回来；飞得远的，就下一批回来；飞得更远的，就再下一批回来，又是一场跳马游戏。只是速度是慢极了，要几千年才能跳完一次！鸟类很可能就是在这段漫长的时间里养成了一种习惯：在天气转冷的秋天，就离开自己的故乡，而在阳光和煦的春天，再返回故乡。这种习惯就这样被长期保留了下来。

所以一到秋天，候鸟就会从北往南飞。地球上没有出现过冰河的地方，就没有候鸟迁徙的现象出现——这个事实可以印证上述推想。

其他原因

可是在秋天的时候，并不是所有的鸟类都向着温暖的南方飞，也有向其他方向飞的。甚至，有的鸟儿会向着很冷的北方飞。

有些鸟离开故乡，只是因为故乡变成了冰天雪地，水面都被冰封了，它找不到东西吃。只要大地一解冻，我们本地的秃鼻乌鸦、椋鸟、云雀等鸣禽，马上就回故乡了！只要江河湖泊的冰一融化，鸥鸟和野鸭也会立马回来。

绵鸭无论如何也不肯留在坎达拉克沙的禁猎区过冬，因为那儿附近的白海水域表面覆盖着厚厚的冰层。它们只好向北飞，因为再往北一点的水域，有墨西哥湾暖流经过，那里的海水终年不结冰。

如果在隆冬时节从莫斯科往南走，那么一走到乌克兰，就能很快看到秃鼻乌鸦、云雀和椋鸟。我们将山雀、灰雀、黄雀等视为留鸟，而秃鼻乌鸦、云雀和椋鸟等只不过是飞到比这些留鸟稍远一点的地方过冬而已。许多留鸟也不是总居住在一个固定的地方，它们也会进行短距离的迁徙。

只有城里的麻雀、寒鸦、鸽子和森林田野里的野鸡一年四季都住在一个固定的地方。其他鸟都是会迁徙的，只是有的会飞到近一点的地方，有的会飞到远一点的地方。怎样断定哪种鸟是真正的候鸟，哪种鸟不过是行迹不定的鸟呢？

比如，我们就很难将朱雀定义为行迹不定的鸟儿还是固定的鸟儿。再比如黄雀，它的同类灰雀飞到印度去过冬，它却飞到非洲去过冬。因此，它们成为候鸟的原因似乎有点与众不同。它们并非由于冰河的侵袭和退去而变成了候鸟，而是有其他原因。

你看那只雌灰雀，它长得很像一只普通的麻雀，但它的头和胸脯却非常红。更令人惊奇的鸟儿是黄雀，它浑身上下都金灿灿的，长着两只乌黑发亮的翅膀。你不由得会产生疑问："这些身穿华丽衣服的鸟儿是我们本地的鸟儿吗？难道它们不是来自遥远热带地区的小客人吗？"

你的猜测的确非常有道理。黄雀本来是典型的非洲鸟，灰雀是典型的印度鸟。事情也许是这样的：这些鸟类繁殖得太多了，所以年轻的鸟儿不得不去寻找新的栖息地。于是，它们就转移到了鸟类比较稀少的北方。夏天的时候，北方并不冷。就连新出生的、光溜溜的幼鸟也不会感冒。等到天气一冷，食物也变少了时，它们就会再回故乡。故乡这个时候也有幼鸟出世，两群同类就会和睦共处，飞回故乡的鸟儿们是不会被当地的同类赶走的。春天一到，它们就再飞到北方来。

于是，它们就这样飞来飞去的过了成千上万年。慢慢地，它们就养成了迁徙的习惯：黄雀向北飞，经过地中海飞到欧洲去过冬；灰雀从印度向北飞，经过阿尔泰山脉飞到西伯利亚，然后再接着向西飞，最后经过乌拉尔向前飞。

还有一种推断，认为迁徙习惯的形成，是由于某些鸟类对新栖息地的需求。比如灰雀吧，我们在最近几十年里，亲眼目睹了这种鸟的栖息地越来越向西扩展，一直扩展到了波罗的海边。但冬天，它们还是照旧飞回故乡印度过冬。

这些关于鸟儿迁徙习惯的推断，有一定道理，也能说明一些问题。不过，这里依然有很多未解之谜。

一只小杜鹃的简史

在泽列戈尔斯克的一座花园里，有一只小杜鹃诞生在一个红胸鸲的家庭里。

你们不必问，小杜鹃怎么会独自出现在一棵老云杉树根旁边的一个舒服的窠里。你们也不必问，它给它的养父母带来了多少麻烦。它们好不容易才把这只个头比自己大3倍的馋鬼喂大。有一天，这座花园的主人走到红胸鸲的窠旁，把已经生出羽毛的小杜鹃掏出来，仔细地打量了一番，然后又放了回去。这个举动差点把红胸鸲夫妇吓个半死。这时，小杜鹃的左翅上多了一片白羽毛。

最后，小个子红胸鸲夫妇终于喂大了它们的养子。但这只小杜鹃飞出窠后，每次一见到它们，还是会张开红黄色的大嘴，扯着嗓子喊着要东西吃。

到了10月初，园里的树木大都变得光秃秃的了，只有一棵橡树和两棵老槭树的树叶还绿着。这时，小杜鹃消失了。至于那些成年杜鹃，早在一个月前就离开我们这一带的森林了。

这只小杜鹃和我们这一带其他的杜鹃一样，是在南非过冬的。它们要等到夏天时，才能飞回故乡。

就在今年夏天，也就是不久前的一天，花园的主人看到有一只雌杜鹃落在一棵老云杉上。他担心这只杜鹃会破坏红胸鸲的窠，就用气枪把杜鹃打死了。

他在这只杜鹃的左翅上，找到了一片白羽毛。

破解了好几个谜，但依旧有未解的谜

也许我们对候鸟迁徙原因的推断是正确的，但下面这些问题又该如何解答呢？

一、候鸟的迁徙路程，有时能长达几千公里。它们是如何认路的呢？

过去人们以为，每一个在秋季时迁徙的鸟群里，至少会有一只识路的老鸟带领着大家。但现在有人千真万确地证实：在当年夏天，刚从我们这儿孵出的鸟群里没有一只老鸟。再说有些鸟，是年轻的比年老的先飞；有些鸟，是年老的比年轻的先飞走。不过，不管谁先谁后，年轻的鸟都能如期飞抵越冬地。

这真的很奇怪。即便是老鸟，它的脑子也就是那么大一点儿，怎么能记住那么长的路程呢？即便老鸟是认识路的，那些两三个月前才出世的幼鸟，都没见过世面，它们又是靠什么认路的呢？真叫人百思不得其解啊！

比如上文提到的，泽列戈尔斯克的那只小杜鹃，它又是如何找到杜鹃在南非的越冬地的呢？所有的老杜鹃几乎都在一个月前飞走了，没有老鸟给它带路啊！杜鹃是一种独来独往的鸟，从来都不集体行动，甚至在迁徙的时候也不例外。小杜鹃是红胸鸲养大的，而红胸鸲是飞往高加索过冬的鸟。

那这只小杜鹃是如何飞到杜鹃世世代代固定的越冬地——南非去的？它又是如何重返红胸鸲将它孵出来、养大的那个鸟窠的呢？

二、年轻的鸟儿是怎么知道自己的越冬地在哪的？

亲爱的《森林报》读者们，我想你们需要好好研究一下这个问题。也说不准这个谜还得留给你们的后代去研究。

要解答这些谜题，首先得放弃类似"本能"这类模棱两可的观点。我们需要设计许多巧妙的试验，以彻底弄清楚鸟类的智慧和人类的智慧究竟有什么区别。

农事记

拖拉机不再"轰轰"地响了。集体农庄的亚麻分类工作已经结束，最后几批装着亚麻的货车也开向了城市。

现在，集体农庄的庄员们已经在考虑下一年种什么的问题了，人们在考虑是否该种那些由选种站培育出来的黑麦和小麦的优良新品种。

此时，田里的活儿变少了，家里的活儿变多了。人们把注意力都集中在家畜圈上了。牛羊都被赶进了畜栏，马也被赶进了马厩。

庄稼收完了，田野也就空了。一群群灰山鹑开始向农舍靠拢了。它们有时在粮仓附近过夜，有时甚至还会飞到村庄里。

打山鹑的季节已经过去了。有枪的人们现在都开始打兔子了。

集体农庄新闻

昨 天

胜利集体农庄的养鸡场灯火通明。如今白昼短了，所以人们决定每晚用灯光照明的方法来延长鸡群的散步时间和进食时间。

这些鸡高兴极了。灯光一亮，它们就马上扑到炉灰里洗"干浴"。一只特别喜欢寻衅闹事的大公鸡，歪着脑袋瞅着电灯泡说："咯！咯！如果你要是挂得再低点，我一定要啄你一口！"

既有营养又好吃的调料

干草末是所有饲料中最棒的调味料。干草末是用上好的干草磨制的。

你要是想让正在吃奶的小猪快点长大的话，那就让它吃干草末吧！你要是想让鸡天天下蛋的话，也喂它干草末吧！这样它就会"咯咯哒！咯咯哒"地向你邀功的。

来自果园的报道

果农们正忙着修整苹果树呢。先要把苹果树收拾干净，打扮得漂漂亮亮的。它们现在身上除了苔藓这个灰绿色的胸饰以外，什么都没有了。果农从苹果树上取下苔藓，因为那里是害虫的藏身之地。果农们还要给树干和靠近地面的树枝刷上石灰，免得苹果树再遇到虫害，夏天防晒，冬天还保温。现在，苹果树都穿上了这身朴素的衣裳，显得特别漂亮。难怪工作队的队长开玩笑说："我们打扮好苹果树，让它好好过节！我还要带上这些好看的苹果树去游行呢！"

百岁老人也能采的蘑菇

我们的记者去黎明集体农庄采访了一位名叫艾库丽娜的百岁老婆婆，但她不在家。艾库丽娜老婆婆的家人说，老人去采蘑菇了。老婆婆回来的时候，带回了满满一口袋蜜环口蘑。她说："人们本来就很难发现那些单个生长的小蘑菇。我人老眼花，更是看不见。可是我采回来的蜜环口蘑，只要看见一个，在那周围就会有一大片。我就愿意采这种蘑菇。它们总喜欢往树墩子上爬，这样就更显眼了。这种蘑菇最适合我这样的老人采！"

智趣问答：最适合老年人采的蘑菇叫什么？

冬前播种

在劳动者集体农庄，菜农们正在播种莴苣、葱、胡萝卜和香芹菜。

种子被人们撒在冰冷的土里。工作队长的孙女说自己听见了种子的唠叨声："你们播种也没有用，天气这么冷，我们是不会发芽的！你们爱发芽，就自己去发吧！"

其实，人们之所以选择在这个时候播种，就是因为种子在秋天的时候是不能发芽的。

可是到了春天，这批种子就会早早发芽，早早成熟。人们也就能早点收获莴苣、葱、胡萝卜和香芹菜了，这可是一件好事啊！

尼娜·巴甫洛娃

集体农庄的植树周

全国各地都进入植树周了。苗圃里有大批已经预备好的树苗。全国各地的集体农庄都在开辟面积有几千公顷的新果园。人们将要把成千上万棵苹果树、梨树和其他果树栽在院子旁。

列宁格勒塔斯社

城市新闻

在动物园里

动物园里的鸟兽们从夏天的露天住宅搬到了冬季的住宅里。它们那带着栅栏的笼子非常暖和。因此，任何野兽都不打算用漫长的冬眠来熬过寒冬了。

鸟儿也没有飞到笼子外。它们在一天之内就体会到——人们已将它们搬到了暖和之处。

没有螺旋桨的飞机

最近这段日子，城市上空总会盘旋着一些奇怪的小飞机。

行人常会在街心停步，抬起头惊讶地望着这些缓慢盘旋的小东西。他们互相问：

"你看到了吗？"

"看到了，看到了。"

"真奇怪，为什么我们听不到螺旋桨的声音呢？"

"也许是因为它飞得太高了！您看，它们显得多么小啊！"

"它们降下来了，怎么还是听不见螺旋桨的声音呢？"

"那是为什么呢？"

"可能是因为它们根本就没有螺旋桨。"

"怎么能没有螺旋桨！莫非这是一种新型飞机？这是什么型号？"

"啊！原来是雕！"

"您开什么玩笑！列宁格勒怎么会有雕出现！"

"有的，这种雕叫做金雕。它们此时正在向南迁徙。"

"原来是这样啊！我也看清楚了，的确是鸟在盘旋。如果你不说，我还会以为那是飞机呢。它们也不扇一下翅膀，真是太像飞机了！"

快去看野鸭

最近这几个星期以来，在涅瓦河上的思密特中尉桥边，以及彼得罗巴甫洛夫斯克要塞附近的一些地方，常出现许多颜色和形状都非常怪异的野鸭。

有像乌鸦那么黑的黑海番鸭；有钩嘴、翅膀上带着白斑点的斑脸海番鸭；有杂色的、尾巴像小棒似的长尾鸭；还有黑白两色相间的鹊鸭。

它们一点都不怕城市的喧闹声。

即便乘风破浪的黑色蒸汽拖轮迎面向它们驶来，它们也没感到害怕，只是往水里一钻，然后又从几十米外的地方钻出水面。

这些野鸭都是沿着海上飞行线迁徙的候鸟。它们每年路过列宁格勒两次——一次是春天，一次是秋天。

当拉多日湖的冰块漂流到涅瓦河里的时候，它们就飞走了。

老鳗鱼的最后一次旅行

秋天到了，地面和水底都有了寒意。

河水变凉了，老鳗鱼开始了最后一次旅行。

它们从涅瓦河动身，途经芬兰湾、波罗的海和北海，一直游到大西洋。

它们就这样告别了生活了一辈子的涅瓦河，奔向几千米深的海洋——它们的葬身之处。

不过，在死前，它们要在海洋深处产卵。海洋深处并没有我们想象中那么冷，那里的水温约有7摄氏度。不久后，鱼子在那里就会长成像玻璃一样透明的小鳗鱼。几十亿条小鳗鱼将会踏上漫长的旅程，用大约3年的时间游进涅瓦河口。

它们将会在涅瓦河里长成大鳗鱼。

给风打个分数

我们已经算是幸运的了，暴风和飓风极少出现在我们国家，好多年才会有一次。

猎事记

秋　猎

在一个清新的秋天早晨，有个猎人扛着枪去郊外打猎。他牵着两只猎犬，这两只猎犬是用短皮带紧紧拴在一起的。这两只猎犬很壮实，前胸很宽，黑色的皮毛里夹着棕黄色斑点。

猎人走到小树林边，解开拴着猎犬的皮带，放它们去小树林里寻找猎物。两只猎犬都蹿向了灌木丛。

猎人悄悄地沿着树林边向前走，这是野兽经常走的小路。

他在灌木丛对面的一个树墩子后面停住了，那儿有一条隐隐约约的小路，一直通向林子下面的小山谷。

他还没站稳，就听见了猎犬的叫声。这说明，它们已经发现野兽的踪迹了。先叫的是老猎犬多贝瓦依，它的叫声低沉、喑哑。年轻的猎犬札利瓦依也跟着汪汪地叫了起来。

猎人一听猎犬的叫声就明白了：这两只猎犬在轰兔子出来。秋天的地面，被雨水淋得全是烂泥。现在，这两只猎犬正在这黑糊糊的烂泥地上嗅着兔子的足迹，跟踪追赶着兔子。

它们与猎人的距离忽远忽近，这是因为兔子在不停地兜圈子。叫声近了，猎犬正把兔子往猎人这边赶。

傻瓜！别发呆了，兔子不就在那里嘛！它那棕红色的皮毛不是正在山谷里一闪一闪的嘛！

但猎人没抓住机会……

可你瞧那两只猎犬：多贝瓦依在前面，札利瓦依伸着舌头跟在它后面。它们俩在山谷里紧紧地追着兔子。

哼，没关系，兔崽子，我的狗还会把你追回树林里来的。多贝瓦依是一只好胜心强的猎犬，只要它发现了兽迹，就会一追到底，不达目的誓不罢休。它可是一条训练有素的好猎犬啊！

两只猎犬追啊追，兔子兜着圈子跑，又被追到树林里来了。

猎人心想：反正兔子还会跑回这条小路上来的，这回我一定要抓住机会！

突然间，周围没了动静……后来，只听见两只猎犬的叫声，一只向东叫，一只向西叫。

咦？这是怎么回事呀！

不一会儿，带头的老猎犬不叫了。

只有札利瓦依自个儿在叫。

又过了一会儿，札利瓦依也不叫了。

猎人正在暗自疑惑，带头的猎犬多贝瓦依又开始叫了，不过这回它的叫声跟刚才不太一样，比刚才要激烈，而且有些喑哑。札利瓦依也尖着嗓子，上气不接下气地叫了起来。

莫非，它们发现了另外一只野兽的踪迹？

是哪种野兽呢？反正肯定不是兔子的。

可能是红色的……

猎人赶快换上了子弹，装上了最大号的霰弹。

一只兔子蹿过小路，跑到田野里去了。

猎人看见了它，却没有举枪。

猎犬的叫声越来越近了。它们不停地叫着，一只发出嘶哑的怒号，一只发出激烈的尖叫。突然间，灌木丛里闪过一个有着火红脊背、白胸脯的动物，冲到刚才兔子蹿过的那条小路上来了，它径直向猎人冲了过来。

猎人把枪举了起来。

那野兽发现了猎人，急得直甩自己那蓬松的尾巴。

可惜太晚了！

"砰！"被子弹打中的狐狸向上一蹿，然后又直挺挺地摔到地上了。

猎犬从树林里跑了出来，疯狂地向狐狸扑了过去。它们咬住狐狸火红色的毛皮，使劲地撕扯着，眼看着就要把这张皮撕破了！

"放下！"猎人厉声制止了它们。他奔跑过去，从猎犬嘴里夺回了宝贵的猎物。

地下的搏斗

离我们村不远的森林里有一个很有名的獾洞。这个洞的年代已经很久远了。虽然它被人们称为"洞"，但其实并不算是洞，而是被世世代代的獾族掘通了的一座山冈。这里面充满了纵横交错的地下通道。

塞苏伊奇带着我去观察那里的地形。我仔细地考察了这座山冈，发现了63个洞口，这还不算隐藏在山冈下灌木丛里的那些洞口呢。

不难想象，在这宽敞的地洞里住着的，不仅仅有獾。在几个洞口处，蠕动着一堆堆的甲虫——有埋葬虫、蟑螂和食尸虫。它们在啃鸡骨头——山鸡骨头、松鸡骨头，还有兔子那长长的脊椎骨。獾才不吃这些东西呢！它连鸡肉和兔子肉都不吃。而且獾非常爱干净，它们从不把吃剩的食物或别的脏东西丢在洞里，或是洞附近的什么地方。

这些骨头说明这里住的是狐狸家族，它们是獾的邻居。

有些洞都被掘坏了，简直成了真正的巷道。

塞苏伊奇说："我们这儿的猎人费了九牛二虎之力，想要把狐狸和獾都挖出来，可是瞎忙。那些家伙早都溜到地下了，根本挖不出来。"

他沉默了一会儿又说："我们试一试，看看用烟能不能把它们熏出来！"

第二天早晨，我、塞苏伊奇还有一位小伙子，三个人走到山冈前。一路上，塞苏伊奇总跟那小伙子开玩笑，一会儿叫人家烧炉工，一会儿又叫人家伙夫。

我们三个人忙了大半天，才把所有洞口都堵住。只留了山冈下面的一个和上面的两个洞口没堵。我们把一大堆松树和云杉的枯树枝，搬到洞口旁。我和塞苏伊奇两个人分别守住上面那两个洞口，然后躲到了小灌木丛后面。"烧炉工"在下面的洞口旁点了火。火变旺的时候，他又在洞口上堆了许多云杉枝。火堆上顿时冒出了刺鼻的浓烟。不一会儿，烟就像进了烟囱似的钻进了洞里。

我和塞苏伊奇负责射击，我们边埋伏，边急不可耐地等待着浓烟从上面的洞口冒出。也许机灵的狐狸会比獾先蹿出来，不然的话，也许会有一只又

笨又懒的肥獾从洞中钻出来，也许此时它们都在那地洞里被烟熏迷了眼睛吧。

洞里的野兽可真能忍啊！

我看到烟飘到了塞苏伊奇埋伏的灌木丛后面，也飘到了我的身边。

要不了多久，马上就会有野兽打着喷嚏跳出来了。它们会一只接一只地跳出来，估计能有好几只吧。我把枪端在肩膀上，绝不能让那狡猾敏捷的狐狸逃走！

烟越来越浓了。一团团浓烟在往外冒，在灌木丛翻滚着，熏得我都睁不开眼了，眼泪也流下来了。说不定在我眨眼睛、擦眼泪的时候，野兽就溜了呢！

可是野兽还是不出来。

我托着肩上的枪，那可真够累的！于是我就把枪放下了。

我们一等再等。那个小伙子不断往火堆上添着枯树枝，却还是没有一只野兽出来。

"你觉得它们是不是被烟熏死了？"塞苏伊奇在回家的路上跟我说。"没有，老弟啊，它们没死！烟在洞里是向上飘的，而它们肯定是钻到地底下了。谁知道它们的洞有多深呢！"

这次失败令长着小胡子的塞苏伊奇非常沮丧。为了安慰他，我跟他提到凫缇和粗毛狐便。这两种大型猎犬都很凶猛，能钻到地洞里捉獾和狐狸。塞苏伊奇听后，忽然来了精神。他让我给他弄一条这样的猎犬，去哪弄他不管，反正必须得给他弄一条这样的猎犬！

我只好答应尽力去给他找一条。

不久之后，我就进城了。我的运气还真不错：一位熟识的猎人把他心爱的凫缇借给了我。

我回到村里，把小狗交给塞苏伊奇，不料他大发脾气："怎么？你是来取笑我的吗？就这像老鼠似的东西，别说老狐狸了，就是小狐狸，也能把它吃了再吐出来的。"

塞苏伊奇个子不高，所以一直对自己的身高耿耿于怀，也就见不得其他小个子，甚至包括小个子的狗在内。

凫缇的外表确实很滑稽，它长得又矮又小，身子却是个长条儿，四条小短腿歪歪扭扭的。可是当塞苏伊奇不经意地向它伸过手去时，这只丑陋的小狗居然呲着尖利的牙齿，恶狠狠地咆哮起来，并朝他猛扑过去。塞苏伊奇连忙闪开，说了句："好家伙！还挺凶的！"然后就没再说什么了。

我们带着这只小狗又来到了山冈前，一到那里，小狗就暴跳如雷地冲向兽洞，差点儿把我牵着它的那只胳膊拽脱臼。我刚把拴着它的皮带解开，它就钻进黑黑的地洞里不见了。

人类为了满足自己的需要，总能培育出一些奇怪的犬种。这种犬个儿不大，却善于去地下抓捕猎物，猎犬凫缇大概就是最奇怪的一种了。它的体型像貂那样细瘦，非常适于钻洞；它那弯弯的脚爪，简直是挖土的绝佳工具；它那窄长的嘴，能死死地咬住猎物。即便如此，我还是忐忑不安地站在上面等着。在那黑暗的地下，是干瘪的家犬与森林中野兽的一场恶战，会有怎样的结局呢？我一想到这个，就不免有点提心吊胆了。万一小狗战死在洞中可怎么办？我该怎么跟它的主人交代呢？

地下的围猎活动正在进行之中。尽管脚下有一层厚厚的泥土挡着，但我们还是能听到地下响亮的狗叫声。猎犬的叫声似乎是从远处传来的，而不是从我们脚底下传来的。

叫声越来越近，也越来越清晰了。这是嘶哑的怒号。叫声更近了，可是，又远去了。

我和塞苏伊奇站在山冈上，手里紧端着猎枪，握得手指头生疼。只听到狗叫声一会儿从这里传出来，一会儿从那里传出来，一会儿又从另一个地方传出来。

突然，狗叫声戛然而止！

凭着经验，我能感觉到：小猎犬一定是在黑暗的地道里追上了野兽，此时正在与野兽厮杀呢！

这时我才意识到：我本应在放小猎犬进洞之前就想到，采用这种办法打猎，猎人通常应该带上铁锹。等猎犬在地下跟野兽交战时，就赶快去挖它们上面的土，一旦猎犬在搏斗中失利，还能帮助它逃走。这样做的前提条件是：搏斗在距离地面约一米深的地方进行。可是对于这个深洞，连烟都没能把野兽熏出来，还怎么救助猎犬呢？

我该怎么办才好？凫缇一定会被野兽们杀死在深洞里的！说不定此时它

正在跟好几只野兽搏斗呢!

忽然又传来了嘶哑的狗叫声。

不过,还没等我放下心呢,狗叫声又停止了。这回彻底完了!

我和塞苏伊奇认定这只英勇的小狗已经死了,这沉寂的山冈已经成了它的坟墓。于是,我们就在这里默默地站了很久。

我还不忍离开。塞苏伊奇打破了沉默:"老弟啊,是咱俩把小狗害了!看来它是遇上老狐狸或是'瘟胖子'獾子了。"

他迟疑了一下又说:"要不咱们走吧!要不,再等一会儿?"

出人意料的是,此时从地下传来了一阵窸窸窣窣的声音。

地洞里先有一条尖尖的黑尾巴露出来,紧接着,又有两条弯曲的后腿和一个长长的身子伸了出来。那身子满是泥污和血迹,凫缇显然在很吃力地往外拱。我高兴地奔上前去,一把抓住它的身子往外拖。

小狗的后面有一只肥胖的老獾,我们把老獾从地洞里拖出来时,它就已经一动不动了。凫缇拼命地咬住了它的脖子,还狠狠地甩着,过了很久都不肯松口,好像怕它的对手再活过来似的。

《森林报》特约通讯员

冬日渐临月
（秋季第三个月）

一年——分为12个章节的太阳诗篇

11月，一半像秋天，一半像冬天。11月是9月之孙，10月之子，也是12月的亲哥哥。11月在大地上钉满了寒冬的钉子；12月在大地上铺上了寒冬大桥。11月骑着斑驳的骏马出巡：地上是一片泥泞、一片雪，一片雪、一片泥泞。11月这个铁工场虽然不太大，但它铸造的枷锁却足够整个俄罗斯用的：它能冻住池塘与湖沼。

秋天开始做它该做的第三件事了——脱下森林最后的那层衣服，给水面穿上铁甲，再用雪把大地刷白。森林此时显得非常凄凉：树木都光秃秃、黑糊糊的，被冷雨浇得从头湿到脚。河面上的冰闪着微光，你若是踩上一脚，它就会喀嚓一声裂开，让你掉进冰水里。大地盖上了一层雪被，所有的翻耕田里的苗，此时都停止了生长。

不过，现在毕竟还不是冬天，只是冬天的序幕罢了。几个阴天过后，难得一见的太阳偶尔会出来和大家见个面。当阳光普照大地时，万物都欢腾起来了！看这里，树根下钻出了一群黑色的蚊虫，它们飞上了天空；看那边，我们脚下开出了朵朵金黄色的小花，像蒲公英。款冬花本来都是到春天时才开花呢！雪也融化了。但是太阳没有唤醒沉睡的树木，它们要毫无知觉地睡到来年春天才醒呢。

伐木的季节开始了。

林中大事记

莫名其妙的现象

我今天扒开了雪，查看了那些一年生的植物。它们的生命期就只是一个春天，一个夏天和一个冬天。

可是今年秋天我才发现，它们并不是全都枯死了。现在已经是11月了，可还有许多草是绿色的呢！雀稗也还顽强地活着，这是乡村里常见的一种生长在房前的草。它的小茎交织在一起，铺在地上（人们常会毫不留情地用它来蹭鞋底）。它的小叶子长长的，它那粉红色的小花不是很醒目。

矮矮的、能把人刺伤的荨麻也还活着。夏天的时候荨麻很烦人，当人们在田里除草的时候，双手会被它刺出水疱来。可是，在11月里看到它会令人觉得很愉快。

蓝堇也还活着呢。还记得蓝堇吗？那是一种好看的小植物，生着微微散开的小叶子，开着细长的粉红色小花，花尖儿的颜色很深。人们常常能在菜园里看到它。

上述这些一年生的草都还好好地活着呢。不过，一到春天它们就会枯死。那它们何必非要在雪下生活呢？该如何解释这种现象呢？这个问题有待考察。

尼娜·巴甫洛娃

森林里并不是死气沉沉的

寒风在森林里肆虐。光溜溜的白桦树、白杨树和赤杨树在风中摇摇晃晃，沙沙作响。最后一批候鸟急匆匆地离开了故乡。

我们这里的夏鸟还没走完，冬天的客人就已经来了。

鸟儿们各有各的习性和乐趣：有的把高加索、外高加索、意大利、埃及和印度当作越冬地；有的鸟儿宁愿留在本地过冬，可能它们觉得我们这儿的冬天也很暖和，也能吃得很饱。

会飞的花

赤杨那黑糊糊的枝条就那么惨兮兮地戳在树干上，显得好凄凉啊！光溜溜的枝条上没有一片叶子，地上的小草也都变黄了。懒洋洋的太阳也很少从灰色的云团后露出脸来。

但是，生在沼泽地上的赤杨枝条也有美滋滋的时候，因为忽然有许多五彩缤纷的花儿，在日光的照耀下翩翩起舞。这些花儿大得出奇，白的、红的、绿的，还有金黄的。有的落在赤杨枝条上；有的粘在白桦树的树皮上；有的掉在地上；有的飘在空中。落在树上时它们就像一些炫目的斑点；飘在空中时就像颤抖着炫丽翅膀的小精灵。

它们发出芦笛般的声音，彼此呼应，一唱一和。它们从地面飞向树枝，又在树木之间穿行。它们是什么？是从哪儿来的？

来自北方的鸟儿

这些来自遥远的北方的小鸣禽，是来我们这里过冬的客人。有红胸脯的朱顶雀、烟灰色的太平鸟，它们的翅膀上长着5道红羽毛，就像5个手指头似的，它们的头上也有一撮冠毛。有深红色的松雀；有绿色的雌交嘴鸟和红色的雄交嘴鸟；还有黄绿色相间的黄雀，有着黄羽毛的小金翅雀，胖胖的灰雀。而我们当地的黄雀、金翅雀和灰雀都去暖和的南方过冬了。上述这些鸟，都是来自寒冷的北方。现在的北方特别冷，所以到了我们这儿，它们就觉得挺暖和的了！

黄雀和朱顶雀都吃赤杨的籽和白桦的籽；太平鸟和灰雀吃花楸果和其他浆果；交嘴鸟吃松子和云杉子。到我们这儿过冬的客人都能吃得饱饱的。

来自东方的鸟儿

矮小的柳树上突然出现了一些小精灵。从远处看，就像是柳丛里开出了华丽的白玫瑰花似的。这些"白玫瑰"在灌木丛中飞来飞去，转来转去，伸出它那黑钩般的细长脚爪，东抓抓，西挠挠，在空中扑扇着花瓣似的小白翅膀，一时间空中荡漾着娇柔的啼啭声。

它们就是白山雀。

这种鸟儿不是从北方飞来的，而是从东方飞来的。它们的故乡是风雪肆虐的西伯利亚，此时的那里早已进入寒冬，深雪早已把矮小的柳丛埋起来了。这些鸟儿越过连绵不断的乌拉尔山脉，来到我们这里过冬。

该睡觉了

大片的云团把太阳遮了个严严实实。湿漉漉的白色雪花从天上飘落下来。

一只胖胖的獾气咻咻地哼着，一瘸一拐地走向自己的洞口。它很不高兴：森林里满地泥泞，潮湿的土地让它浑身不舒服。现在是该钻到地下的那个干燥、整洁的沙洞里的时候了。也该躺下来睡个懒觉了。

羽毛蓬松的小型乌鸦——噪鸦此时正在林子里打架斗殴呢。它咖啡色的羽毛湿淋淋的，在打斗的时候竖了起来，它们正厉声尖叫着。

一只老乌鸦突然在树顶上大叫一声。原来，它看到远处有一具不知是什么野兽的尸体。它扑扇着发亮的蓝黑色翅膀，飞向它的美食。

林子静悄悄的。白色雪片落在黑糊糊的树枝和褐色的土地上。大地上的落叶渐渐腐烂了。

雪越来越大，鹅毛大雪倾泻下来，将黑色的树枝和褐色的大地都掩盖了……

我们列宁格勒州的伏尔霍夫河、斯维尔河和涅瓦河被严寒侵袭后，水面都已结冰了。芬兰湾也封冻了。

最后的飞行

在11月的最后几天里，被风吹成堆的雪突然有了融化的迹象，天气变暖和了。但是雪还是没有融化。

早晨，我外出散步时看见积雪上空（无论是在道路上、灌木丛里还是在树木之间的空隙里），到处都有黑色的小蚊虫在飞舞。它们有气无力地扇动着翅膀，好像从下面的某处升了起来，也好像被风裹着似的（虽然一丝风都没有），它们在空中绕一个半圆圈，然后就侧着身子摇摇晃晃地落了到雪上。

　　午后，雪就开始融化了，树上的雪掉了下来；人们走在户外一抬头，高处融化的雪水就会滴到眼睛里，或是有一团冰凉的雪洒到脸上。此时，不知从哪儿冒出来好多黑色的小蚊子和小蝇子。夏天的时候，我从未见过这种小蚊虫和小蝇子，它们兴高采烈地在空中飞着，只不过飞得很低，而且紧贴着雪地飞。

　　傍晚，天气又转凉了，小蚊虫和小蝇子又不知道躲到哪里去了。

《森林报》通讯员维立卡

貂是如何追松鼠的

有不少松鼠到这一带的森林里来做客了。

它们北方的老家今年遇到了饥荒，球果不够吃了。

松鼠分散地坐在一棵棵松树上，用后爪抓着树枝，用前爪捧着球果啃。

一只松鼠没抱住球果，球果滑落到雪地上了。松鼠舍不得把它丢弃，就气冲冲地叫着，从一根树枝跳到了另一根树枝上，然后跳到树下了。

它在地上蹦跶着，后腿一蹬，前脚撑地，一直往前奔去。

突然，它发现在一个枯枝堆里露出了一团黑糊糊的毛皮和一双锐利的小眼睛。松鼠顾不得那球果了，慌不择路地急急忙忙蹿到了眼前的一棵树上，沿着树干就往上爬。原来，枯枝堆里埋伏着一只貂。貂也飞快地爬上树干。此时松鼠已经爬到了树梢。

松鼠一跳，就到了另一棵树上。

貂缩起它那蛇一般的细长身子，背脊一弯，也跟着纵身一跳。

松鼠沿着树干向上飞奔。貂就紧跟在它后面。松鼠的动作非常灵敏，但貂的动作更灵敏。

松鼠逃到了这棵树的树顶上，没法再往上跑了，而且附近也没有其他树了，它真的走投无路了。

貂马上就要追上它了……

松鼠只好往下跳，跳到另一根树枝上。但貂依然紧追着它不放。

松鼠在树梢上来回地跳，而貂就在粗一些的树枝上追。松鼠不停地跳，终于无处可逃了。

下边是地，上边是貂。

它没有选择的余地了，只好跳到地上，然后赶紧奔向另一棵树。

但是松鼠在地上可斗不过貂。貂三蹦两跳地就追上了松鼠，并扑倒了它。松鼠就这样完蛋了。

兔子耍花招

一只灰兔在半夜时偷偷地钻进了果园，它喜欢啃小苹果树那甜甜的树皮。天快亮的时候，它已经啃光了两棵小苹果树的树皮。雪一直往灰兔的头上落，但它一点也不理会，依然在那儿啃着、嚼着。

村里的公鸡已经叫了3遍。狗也在汪汪地叫。

灰兔这时才清醒，得在人们还没起床的时候跑回森林里。由于周围是一片雪地，所以它的毛皮非常显眼。它真羡慕白兔，白兔多么安全啊！

昨天夜里下的那场雪还没有冻实，所以会留下脚印。灰兔在雪地上留下了一串脚印。它长长的后腿踩下的是长条状的脚印；短短的前腿踩下的是一个个小圆圈。它的每一个脚印和每一个爪痕，都能被人看得清清楚楚。

灰兔穿过了田野，跑进了森林里。身后留下一连串清楚的脚印。灰兔想在饱餐之后在灌木丛中打个盹儿。可糟糕的是：无论它藏到哪儿，都会被脚印暴露出行踪。

于是灰兔只好耍点花招了：它得把自己的脚印弄乱。

天亮了，村里的人也醒了。果园主人走进自己的果园一看——哎哟，天啊！两棵好端端的小苹果树都没有树皮了！他看了一眼雪地上留下的痕迹，就什么都明白了——小兔子的脚印留在了苹果树下。他愤愤地举起拳头，心想：小兔子，等着瞧吧！我要用你的皮来抵我苹果树的皮！

主人回到屋里，往枪里装了点弹药，带着枪就沿着雪地上留下的足迹追去了。

瞧，兔子就是从这里跳过篱笆的，跳过篱笆后就穿过田野直奔向森林了。可他一进森林，就发现兔子的脚印是在围着灌木兜圈圈。哼！你这花招可骗不过我！我会抓到你的！

　　这是你的第一个圈套——绕灌木丛跑了一圈。然后就是第二个圈套——横穿过自己的脚印。

　　果园主人一直追随着脚印，兔子的两个圈套都被他识破了。他一直端着枪，随时都准备放枪。

　　忽然，他站住不动了。这是怎么回事呀？兔子的脚印中断了，四周都是平坦的雪地，兔子就算是蹿了过去，也该留下一点痕迹啊！

　　果园主人弯下腰仔细地查看着那些脚印。啊！原来这是它的新花招：兔子踩着自己原来的脚印走回去了。它的每一步都和自己原来的脚印准确重合了。不仔细看，还真看不出那"重合的"脚印呢。

　　果园主人沿着脚印往回走。走啊走，又走回了田野上。看来他看走眼了。也就是说，他中了兔子的诡计。

　　他转过身，再次顺着"重合的"脚印向前走。原来如此！原来那"重合的"脚印很快就变成单层的脚印了。如此说来，兔子就是从这儿跳到一边去的。

　　他果然猜对了：兔子留在这的脚印表明，它一直蹿过了灌木丛，然后就拐弯了。现在，它的脚印又变得均匀了。不久后，又突然中断了。又有一行新的"重合的"脚印越过灌木丛。过了灌木丛，再往前，又是跳着走的了。

　　现在可一定得非常细心地查看。这不，它又往旁边跳了一次。此时，兔子肯定是在一个灌木丛下躲着呢。你耍花招啊，我就不信你能骗得过我！

　　兔子还真的就躲在这附近。不过并不是像果园主人想象中那样躲在灌木下，而是躲在一大堆枯枝下面。

　　灰兔睡得迷迷糊糊的，隐约听见沙沙的脚步声。脚步声越来越近了……

　　它一抬头，看见了两只穿着毡靴的脚和伸向地面的一根黑色枪杆子。

　　灰兔小心地从枯枝堆里钻了出来，一溜烟儿蹿到枯枝堆后面了。果园主人只看到一个短短的小白尾巴闪过灌木丛，然后就看不到兔子的影儿了！

　　果园主人只好空手而归了。

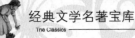
不速之客

有一个夜间强盗来到了我们这一带的森林里。想要看到它可不是件容易的事情，夜间太黑，没法看见它；白天时它又跟雪的颜色差不多，也很难分辨。它从北极来，所以身上的衣服跟北方那常年不化的白雪颜色差不多。我说的这种动物就是北极雪鸮。

雪鸮的个头儿跟猫头鹰差不多，但力气不如猫头鹰大。大大小小的飞禽、老鼠、松鼠和兔子都是它的食物。

苔原是它的故乡，那里天气冷得很，冬天苔原上的小野兽几乎都躲到洞里去了，鸟儿也基本都飞走了。

雪鸮被饥饿逼得只好离家出走，来我们这儿过冬了。这位不速之客打算入春时再回家。

啄木鸟的工作场

我们菜园后面，长着一大片老白杨树和老白桦树，还有一棵更老的云杉树。云杉树上残留着几个球果。这几个球果招来了一只五彩的啄木鸟。啄木鸟落到树枝上，用它的长嘴啄下一个球果后，就衔着它沿着树干往上跳去。它把球果塞进一个树缝里，然后用嘴啄球果里的籽，把籽叼出来后，就把球果壳往下一扔，再接着去采另一个球果，采来后还是塞在那个树缝里，然后去采第三个球果……就这样反复工作，一直忙到天黑。

《森林报》通讯员勒·库波立尔

向熊请教

熊为了躲避寒风，就将自己的冬季住宅——熊洞安在低凹之处，有时甚至有可能将其安置在沼泽地上或是茂密的小云杉林里。奇怪的是，如果这年冬天不冷，出现了融雪天气，那熊就会把熊洞安在像小山丘这类海拔较高的地方。世世代代的猎人都证实了熊的这种习惯。

这个道理其实很简单：熊就害怕融雪天气。怎么会不怕呢？如果冬天里有一股雪水流到熊的肚皮底下，当天气又忽然转冷时，雪水就会结冰，熊那毛蓬蓬的皮袄就会被冻成铁板了，到那时可如何是好呢？那就不能冬眠了，只能满森林的乱逛，靠活动筋骨来取暖了！

可是熊如果不睡觉，又不停地活动，就会消耗尽身上储藏的热量，就不得不靠进食来维持体力。但是一到冬天，熊就找不到食物吃了。所以为了挺到暖冬，熊就会挑个高点的地方做窝，免得在融雪的天气里受罪。

可它究竟是怎么预测到这年冬天是暖还是冷的呢？为什么它早在秋天的时候就能准确地作出判断呢？这其中的原因我们就不知道了，只能钻到熊洞里向熊请教了！

严格遵守采伐计划

俄罗斯古时候有个谚语：森林如恶魔，不要对它下手，否则离死期就不远了。

古时候，伐木是一项非常艰苦的劳动。伐木工要与绿色的朋友为敌，可他们的武器只有一把斧头。直到不久前的18世纪，他们才有了锯子。

一个人一定要有充沛的体力，才能一天到晚挥动斧头砍树；一定要拥有钢铁般的身板，才能在天寒地冻的风雪天气里，白天穿着单薄的衬衫干活儿，夜里裹着皮袄在小火炉旁或小草棚里睡觉。

春天的时候，工作是最艰苦的。

一冬采伐的树木，此时都得被搬运到河边，等到河水解冻后，伐木工要把一根根沉重的圆木推到河里，请流水帮忙将木材运走。

河水将木材运到什么地方，什么地方就有福了。

于是，河水两岸就有了一座座城市。

现在的情况是怎么样的呢？

"伐木工"的工作性质已经发生了本质的改变。他们砍伐树木和削去树枝的工具，已不再是斧头了。这些工作都可以交给机器去做，甚至连森林里的道路，也都是由机器开辟并铺平的。然后，机器就可以沿着这条林间道路把木材运走了。

用来伐木的履带式拖拉机非常好用！这个由钢铁制成的庞然大物，非常听从人类的指挥。它们闯入无法通行的密林，放倒百年的大树时就像刈草一样轻松。它们也能将老树连根拔起，放到一边，然后推开横躺在地上的其他树，铲平地面，开辟出一条条运输道路。

行驶在运输道路上的汽车还载着"流动发电站"。工人们手拿电锯走到树前，身后有一根像长蛇般，包着橡胶的电线。电锯那尖利的钢齿能毫不费力地锯入坚固的树身里，就像刀子割黄油似的。也就半分钟的工夫儿，直径有半米粗的树干就被锯断了。这可是一棵100多岁的巨树啊！

方圆100米之内的树木都被锯倒后，汽车又把"流动发电站"送到前面。这时，有一辆强大的运树拖拉机会开到这个位置来干活。运树拖拉机一把能抓起几十棵原木，然后将其拖到木材运输线上。

在运输线上工作的、巨大的运树牵引车将木材拖到窄轨铁路上。铁路上的司机驾驶着长长的大串敞篷车，每一节车厢上都装着几千立方米原木，它开向铁路车站或是河码头的木材场。人们在木材场里修整，加工原木，将其变成圆木、木板或是纸浆用料。

在现代，借机器采伐的木材，会被运到远方草原上的村庄、城市和工厂里，会被运到需要木材的用户那里。

众所周知，在这么先进的技术条件下，我们必须严格按照全国统一的计划来采伐木材，否则我们这个森林大国将会渐渐失去森林资源。并且靠现代技术手段消灭森林，是再容易不过的事了。但是树木的生长速度却一点儿没变，还是像从前那么缓慢，需要几十年的时间才能形成森林！

在我国，人们会立刻在采伐森林的地方营造新林，并栽上名贵的树木。

集体农庄新闻

冬天真的来了

集体农庄田里的活儿都干完了。

妇女们在牛棚里工作，男人们去运饲料。

有猎犬的村民出去打灰鼠。还有不少人去林子里采伐木材。

灰山鹑群离农舍越来越近。

孩子们每天高高兴兴上学去。白天，他们还会抽空布网捉鸟儿，去小山上滑雪，或是滑小雪橇……晚上，他们就做作业、读书。

尼娜·巴甫洛娃

我们的心眼比它们多

一场大雪后，我们发现，老鼠居然在雪下挖了一条直通我们苗圃的地道。可我们的心眼比它们多，我们把苗圃里的每棵小树四周的雪都踩实。这样，老鼠就钻不到小树跟前了。有些老鼠一钻到雪层外面，就会被冻死。

祸害果树的兔子也常会跑到我们的果园里。我们也有对付这些兔子的办法，那就是用稻草和云杉树枝将所有小果树都包扎起来。

吉玛·布勒多夫

在细丝上吊着的房子

我见过一种在细丝上吊着的小房子，风一吹，它就晃晃悠悠的。这房子没有任何防寒设备，墙壁只有一张纸那么厚。谁能在这种小房子里过冬呢？

你可能想不到吧，这种小房子也是可以用来过冬的！我们见过好多设备简陋的小房子。它们是被一根根像蜘蛛丝那么细的丝吊在苹果树枝上的。这种小房子是用枯叶做成的。

人们见到它，就会把它们取下来，然后烧掉。原来小房子的主人都是害虫——苹果粉蝶的幼虫。

如果不消灭它们，等到春天，它们一定会去啃苹果树的芽和花的。

有不少野兽是会损害人们的利益的，人们可以用林间的材料修理它们。

昨天晚上，光明之路集体农庄差点失窃：一只大兔子趁着深夜偷偷钻进了果园，它是来啃小苹果树的树皮的，可是它发现苹果树皮像云杉树皮一样扎嘴。这只兔子啃了好多次都失败了。于是它只好离开果园，回附近的森林了。

果农们早就预料到会有林中小偷来侵犯果园，于是砍了一些云杉树枝，把自家的苹果树干包了起来。

棕黑色的狐狸

郊区的红旗集体农庄建了一个养兽场。昨天，有一批棕黑色的狐狸被运到这里。一大群热情的人（其中还包括刚会跑的学龄前儿童）跑来欢迎这些集体农庄的新居民。

狐狸怯怯地，用怀疑的眼光打量着每一个欢迎它们的人。而只有一只狐狸淡定地打了个哈欠儿。

"妈妈！"一个围着白头巾、戴了一顶无边帽的小男孩叫道，"可不要把这只狐狸围在脖子上，它会咬人的！"

栽在温室里

劳动者，集体农庄的人们正在挑选小葱和小芹菜根。

工作队长的孙女儿问道："爷爷！我们是在给牲口准备饲料吗？"

工作队长笑了，他告诉孙女儿："不是，小孙女儿啊，这回你可没猜对。我们现在要做的，是把这些小葱和芹菜根栽在温室里。"

"为什么要栽在温室里呢？是让它们长高吗？"

"不是的，孩子。咱们为的是想常年吃到葱和芹菜。这样，冬天我们在吃马铃薯的时候，就有葱花往马铃薯上撒了，想喝芹菜汤时，也有芹菜汤喝了。"

用不着盖厚被子

有一个外号叫米克的九年级学生，上周日去曙光集体农庄玩。他在一片树莓丛旁遇到了工作队长费多西奇。

"老爷爷！您不怕您的树莓被冻坏吗？"米克用内行的口吻问着问题，其实他根本不懂。

"不会冻坏的。"费多西奇答道："它们能在雪下平平安安地度过这个冬天。"

"在雪下过冬？老爷爷，您是不是糊涂了？"米克接着说道，"这些树莓长得比我还高呀！您觉得冬天的时候能下这么厚的雪吗？"

"下普通的雪就行。"老爷爷说。"聪明的孩子，现在请你告诉我：你在冬天时盖的被子，比你的身高厚呢，还是比你的身高薄呢？"

"这与我的身高有什么关系？"米克笑道，"我是躺着盖被的呀！老爷爷，您明白吗？人们都是躺着盖被的呀！"

"我的树莓也是躺着盖雪被的呀！不过，聪明的孩子，你自己躺到床上就行了；树莓就要由我这个老爷爷把它们弯到地上，然后绑起来。这样，它们才算是躺在地上了。"

"老爷爷，您比我想象的要聪明得多啊！"米克说。

"孩子，可惜你没有比我想象的聪明。"费多西奇回答道。

尼娜·巴甫洛娃

助　手

现在，我们可以每天在集体农庄的粮仓里碰到孩子们了。有的孩子在帮着大人挑选准备春播的种子；有的孩子在菜窖里精选最好的马铃薯种子……

有的男孩子还去马厩和铁工厂里帮忙呢！

好多孩子常去牛栏、猪圈、养兔场和家禽窝里干活。

孩子们边在学校里读书，边在家里帮大人干活儿。

尼古拉·立和诺夫

城市新闻

瓦西里岛区的乌鸦和寒鸦

涅瓦河封冻了。在这个季节里，每天下午4点，瓦西里岛区的乌鸦和寒鸦都会在思密特中尉桥（第八条街对面）下游的冰面上聚集着。

鸟儿吵闹一阵后，就又分作好几群，各自飞回瓦西里岛上的花园过夜了。每一群鸟都住在它们自己的家园里。

侦察员

人们应该保护城市花园和墓地里的灌木、乔木。但是人类很难对付花木的天敌。那些敌人生性狡猾，个头又小，不容易被人发现。园丁们只好叫一批侦察员专门来找它们。

我们可以在城市花园和墓地上，发现这些侦察员的身影。

它们的首领是一只戴着"红帽圈"的五彩啄木鸟。啄木鸟的嘴很像一根长枪。它的嘴能啄到树皮里面。它不时地大声发号施令。

跟着它一块飞来的是各种山雀：有戴着尖顶高帽的凤头山雀；有戴着厚帽子的胖山雀；有浅黑色的莫斯科山雀；还有穿着浅褐色外套，嘴巴像锥子似的旋木雀；还有穿着天蓝色制服，有着白胸脯，嘴巴尖利得像匕首的鸭……

啄木鸟一发令，鸭就跟着回应，山雀们也跟着回应，于是整个队伍就开始行动了。

侦察员们迅速地占领了树干和树枝。啄木鸟将树皮啄开，用它那尖利的，钩针似的舌头，将蛀皮虫从树皮中钩出来。鸭则头朝下，围着树干转，看到哪个树缝里有昆虫或是昆虫幼虫，就将它那把锋利的"匕首"刺进去。旋木雀主要负责下面的树干，它用自己弯弯的"小锥子"戳树皮。灰山雀则成群结队地在上部的树枝处兴高采烈地兜圈子。它们密切注视着每一个小洞和每一个树缝，因此没有一只害虫能逃得过它们那锐利的眼睛和灵巧的小嘴。

小 屋

我们那些可爱的小朋友——鸣禽就要挨饿受冻了。让我们多给它们一点关爱吧！

如果你家有花园或是小院，就很容易把一些鸟儿招来。你可以在它们找不到食物的时候喂喂它们。在严寒和有狂风暴雨的时候，给它们一个可以栖身的地方。如果你能招来一两只可爱的鸟儿到你为它们准备好的住处安身，那你就有机会当场抓住它了。你只需造一个小小的鸟屋就行了。

让小客人们到鸟屋的露台上吃大麻子、大麦、小米、面包屑、碎肉、生猪油、奶酪和葵花子等。如果你采用这种招待方式，即使你家住在大城市里，也会引来那些有趣的小客人到鸟屋住下。

你可以用一根细铁丝，或是细绳子，将其中一头拴在鸟屋的小门上，让另一头穿过鸟屋的小窗户通到你的房间，需要给鸟儿关门保暖的时候，你只要一拉细铁丝或是绳子，那扇小门就能关上了。

还有一个更好的办法！就是给鸟屋通上电流。

不过请记住，夏天的时候千万别捕鸟——万一捉走了大鸟，幼鸟就会被饿死的。

知趣问答：为什么不能在夏天的时候捕鸟？

猎事记

秋天是猎捕小毛皮兽的季节。快到11月时，这些小兽的毛就长好了，它们已经脱掉了夏天时那层薄薄毛的，换上了抵御寒冬的蓬松的、暖和的厚厚的毛。

去打灰鼠吧

一只灰鼠有什么了不起的？

可是，灰鼠在我们国家的狩猎事业里比其他任何野兽都重要。我们全国每年光是灰鼠的尾巴就要消耗几千捆。它那华丽的尾巴，可用来做帽子、衣领、耳套及其他保暖用品。

尾巴之外的毛皮也大有用途。人们用这种毛皮做大衣和披肩，尤其是淡蓝色灰鼠皮做的女式大衣，样式好看，穿起来既轻便又暖和。

灰鼠一换完毛，猎人们就出去打灰鼠了。在灰鼠长期出没而且容易打到的地方，还能经常看到老头儿和十二三岁的少年打猎的身影。

猎人们在狩猎期间，或是集体行动，或是单独行动，常常在森林里一待就是好几个星期。他们踏上又短又宽的滑雪板，从早到晚在雪地上奔波，有时直接用枪打灰鼠，有时还要布置和检查捕捉器、陷阱等工具……

猎人们在土窖里，或是在很矮的小房子里（这种小房子常被埋在雪里）过夜，用一种像壁炉似的土炉子烧饭吃。

猎人打灰鼠的最佳伙伴就是北极犬。北极犬是猎人不可缺少的"眼睛"。

北极犬是来自我国北方的一种特别的猎犬。它在冬季时协助猎人在森林里打猎的本事当属世界第一。

北极犬能帮你找到白鼬、鸡貂和水獭的洞，会替你咬死它们。夏季时，它还能帮你从芦苇丛里把野鸭赶出来，把琴鸡从密林里赶出来。这种猎犬还不怕水，连冰冷的河水都不怕，它能跳到冰冷的河水里，帮主人把射杀的野鸭叼上来。到了秋季和冬季时。它又成了帮助主人打松鸡和黑琴鸡的好帮手。在秋冬两个季节时，靠普通猎犬的伺伏是抓不到松鸡和黑琴鸡的。可是北极犬会往树下一蹲，对着野禽汪汪地叫，使它们的注意力都集中在北极犬身上，这样主人就可以趁机开枪了。

在下雪前后，你都可以带着北极犬去打猎，它可以帮你找到麋鹿和熊。

当你被可怕的野兽攻击时，这个忠实的朋友是绝不会抛弃你的。它会绕到野兽的身后咬住它们，让你有时间装上弹药，射杀野兽；或者，它会以死相拼，用自己的性命保全你的性命。最令人称奇的是：北极犬能帮你找到灰鼠、黑貂、猞猁等生活在树上的野兽。而其他种类的猎犬就没有这等本事。

在冬季，或是深秋时节打猎，你走在云杉林、松树林或混合林里，四周一片死寂。没有走兽晃动的身影，也没有飞禽鸣叫的声音。这里就像一片荒漠。

可如果你去森林的时候带上一只北极犬，就不会感到寂寞了。北极犬一会儿在树根下找出一只白鼬，一会儿从树洞里撵出一只白兔，一会儿又顺便叼起一只林䶄鼠，它还能找到躲在浓密的松枝间不露面的灰鼠。

可是，猎犬既不会飞，也不会爬树，如果灰鼠不到地上来，那北极犬是如何找到灰鼠的？

捕捉野禽的波形长毛猎犬和追踪兽迹的兔缇，需要灵敏的鼻子。鼻子就是这两种猎犬最重要的"工具"。这些猎犬，即使眼睛和耳朵都不太好使，也能照样干活儿。

可是北极犬却需要有三种"工具"——灵敏的鼻子、锐利的眼睛和机灵的耳朵。这三种"工具"是并用的，甚至可以说它们就是北极犬的三个仆人。

只要灰鼠在树上用爪子挠了一下树干，北极犬就会竖起它那时刻警惕着的耳朵，悄悄地提示主人："这里有灰鼠！"只要灰鼠的小脚爪在针叶间一闪，北极犬的就会给主人使眼色："这里有灰鼠！"只要一阵小风将灰鼠的气味吹到树下，北极犬的鼻子就会报告主人："上面有灰鼠！"

北极犬靠这三种"工具"发现树上的灰鼠后，就用它的第四种"工具"——叫声将信息传达给主人了。

一只好的北极犬，在发现了猎物后绝不会往猎物所在的那棵树上扑，也不会去挠树干，因为这种做法只会把猎物吓跑。这时北极犬会蹲在树下，会目不转睛地盯着灰鼠藏身之处，竖着耳朵，不时叫几声。要是主人还没来，或是没把它带走，它是不会离开树下的。

打灰鼠很容易：灰鼠被北极犬发现后，灰鼠的注意力就全都集中在北极犬身上了。这时猎人只需悄悄地走过来，不要发出声响，不要有剧烈的动作，好好瞄准再开枪就行了。

用霰弹不容易打到灰鼠。猎人通常用小铅弹去打这种动物，而且尽可能去打它的头部，这样就能避免损坏灰鼠皮。灰鼠在冬天受伤后不大容易死掉，因此，要力争一枪打中要害最好。要不然等它躲进浓密的针叶丛时，就再也找不到了。

猎人们还经常用捕鼠器等工具捉灰鼠。

制作并装置捕鼠器的方法如下：把两块短的厚木板，平行放在两棵树干之间。在两块木板之间支一根细棒，细棒上拴着美味的诱饵（如干蘑菇或是干鱼片），灰鼠一拉诱饵，上面的木板就会落下来，会把灰鼠夹在两块木板之间。

只要雪不是特别深，猎人们整个冬天都会一直打灰鼠。灰鼠一到春天就要脱毛了。在深秋之前，在它们还没有长成准备过冬的那身华丽的淡蓝色毛皮之前，猎人是绝不打它们的。

带斧头打猎

猎人们在打凶悍的小毛皮兽时，用枪可没有用斧头的时候多。

北极犬靠着灵敏的嗅觉找到躲在洞中的鸡貂、白鼬、伶鼬、水貂还有水獭。至于如何把这些小兽撵出洞，就是猎人的事情了。这件事可不太容易做到。

这些凶悍的小兽把洞穴筑到地下、乱石堆里或是树根下。当它们察觉到危险时，不到万不得已时，它们是不肯离开自己的遮蔽所的。于是猎人只好把探针或是铁棍伸进洞里搅动着；或是用手搬开乱石堆上的石头；或是用斧头将粗大的树根劈开，将冻结的泥土敲碎；或是用烟把小兽熏出来……

不过，只要它一跳出洞，就无处可逃了，北极犬绝不会放走它的，会活活咬死它。或者，猎人也会开枪打死它。

猎貂记

想打森林里的貂就比较困难了。要找出它捕食其他鸟兽的地方并不算难，因为这里的雪地常会被它踩得一塌糊涂，而且还留着血迹。可是，要找出它在饱餐之后藏身的地方，就需要有好眼力了。

貂能从这根树枝上跳到那根树枝上，从这棵树上跳到那棵树上，跟松鼠一样灵活。只不过它一路这么跳下去，会在身后留下痕迹，比如被它的爪折断后落在雪地上的小树枝、球果、小树皮、它身上被树皮等蹭下来的绒毛等，有经验的猎人能根据这些痕迹来判断貂的行踪。有时这些痕迹能绵延好几公里长。我们得加倍注意才能毫无差错地一路跟踪下去，并找到它。

塞苏伊奇第一次追踪貂的行踪时，没有带猎犬，因此他只有凭着自己的本事了。

那天他踏着滑雪板走了很长一段路。有时蛮有把握地往前冲一二十米，因为他在那里发现了貂曾经从树上跳到雪地上，奔跑后留下的脚印；有时又缓慢地往前挪着，仔细地察看貂一路留下的模糊痕迹。那天他不停地唉声叹气，后悔没有把忠实的朋友北极犬带来。

夜幕降临时，塞苏伊奇还在森林里转悠着。

这个小胡子猎人生起一堆篝火，从怀里掏出了一块面包吃了，好歹先熬过这漫长的冬夜再说。

早晨，塞苏伊奇沿着貂的痕迹，走到一棵非常粗的枯云杉树前。真走运啊！塞苏伊奇发现树干上有个树洞。貂一定在这儿过夜了，而且极有可能还没出洞呢。

塞苏伊奇扳好扳机，右手拿着枪，左手拿着一根树枝敲一下树干，然后把树枝扔掉，双手端枪，等貂一蹿出来就开枪。

貂却没有跳出来。

塞苏伊奇又拿起树枝重重地敲了一下树干，又更重地敲了一下。

貂还是没出来。

"哎，它睡得太沉了！"塞苏伊奇懊恼地说，"快醒醒吧！瞌睡虫！"

说着说着，他又举起树枝狠狠敲了一下，满林子的动物都能听到那声音。

看来貂没在树洞里。

这时，塞苏伊奇才想起来应该仔细瞧瞧这棵云杉的周边情况。

这棵枯树是空心的，树干另一面的一根枯树枝下面，还有一个洞口。枯树枝上的雪都已经被碰掉了。显然貂已经从这一头溜出了树洞，然后逃到周围其他树上了。由于粗树干挡住了猎人的视线，所以猎人没能看见。

　　塞苏伊奇没有办法，只好赶紧去追貂。

　　于是塞苏伊奇又把一整天的工夫花在分辨那些模糊的痕迹上。

　　后来，塞苏伊奇终于找到一个痕迹，它确确实实能表明貂就在附近。但那时天已经黑了。

　　塞苏伊奇在树上找到一个松鼠窝，种种迹象表明：貂把松鼠赶跑了，这强盗在松树后面追了好久，最后还是在地面上追到它的。大概是因为那只精疲力竭的松鼠没有正确估计自己的体力，从树上失足落到了地上，于是貂一连蹿了几步，抓住了它。也就在这片雪地上，貂把松鼠吃了。

　　是的，塞苏伊奇追踪的路线并没错。不过，他不能再继续追了，因为从昨天起到现在，他一点东西都没吃，身上连面包屑也没有了，天气又变冷了。要是今晚还在森林里过夜的话，一定会被冻死的。

　　塞苏伊奇非常沮丧地痛骂着，只好沿着来时的路往回走。

　　"只要让我追上这只貂，"他心想，"只要放一枪，就能把它打死了。"

　　塞苏伊奇再一次路过那个松鼠洞时，怒气冲冲地拿下肩上的枪，也没瞄准，就冲着松鼠洞放了一枪。他不过是想发泄一下心头之恨罢了。

　　树上的一些枯树枝和苔藓被枪声震到了地上，令塞苏伊奇大吃一惊的是，在那些东西落地之前，竟有一只细长的、毛茸茸的貂掉到他的脚旁。这只貂临死前还在抽搐呢！

　　后来塞苏伊奇才知道，这是常有的事儿：貂捉住松鼠吃掉后，常会钻到被它吃掉的松鼠的窝里，在那温暖舒服的地方蜷成一团，安安心心地睡大觉。

白天放枪，黑夜布网

　　12月中旬之前，松软的积雪已经没到膝盖了。

　　日落时分，黑琴鸡蹲在光秃秃的白桦树上一动不动，为玫瑰色的天空点缀了一些黑色的斑点。后来，它们突然一只跟着一只地向雪地冲去，然后就不见了。

漆黑的夜晚来了，今晚没有月亮。

塞苏伊奇走到那片林中空地上。黑琴鸡就是在这片空地上消失的。他手中拿着捕鸟的网和火把。浸过树脂的亚麻秆在熊熊燃烧着，明亮的火光照亮着黑黑的夜幕，沉沉的夜色被推到一边去了。

塞苏伊奇一面仔细听着周围的动静，一面机警地挪着步子。

忽然，在离他只有两步远的前方，有一只黑琴鸡从雪下钻出来。明亮的火光晃得它睁不开眼睛，它像只巨大的黑甲虫在原地瞎打转儿。塞苏伊奇乘机用网罩住了它。

塞苏伊奇用这个办法，在夜间活捉了许多只黑琴鸡。

在白天，他乘着雪橇用枪打黑琴鸡。

奇怪的是：落在树枝上的黑琴鸡，绝不会被一个步行的猎人打中，即使那个猎人隐藏得很好。如果同一个猎人乘雪橇过来（哪怕雪橇上满载着集体农庄的大批货物），那么那些黑琴鸡可就难免会死在猎人的枪下了！

《森林报》特约通讯员

思考　1.真的有6条腿的马吗？

2.都有哪些小植物要在雪下熬过整个寒冬？

3.兔子是怎么耍花招的？

比安基其他作品链接

小老鼠比克

名师导读 Teacher Reading

　　小老鼠经过自己的努力终于使自己成为了一名伟大的航海家，实现了自己梦想。故事曲曲折折，非常有趣……

（一）

孩子们把船放到河里去。哥哥用小刀把厚的几块松树皮做成船，妹妹装上用破布做成的帆。

在顶大的一只船上，需要一根长桅杆。

"要用一根笔直的树枝才可以。"哥哥说着，就拿着小刀，走进灌木丛林里找去。

他突然在那儿叫喊起来："老鼠！老鼠！"

妹妹奔到他那儿去。

"我割下树枝，"哥哥告诉她说，"它们就叫起来啦！整整的一群！有一只在这儿，在树根底下。你等着，我马上把它……"他用小刀把树根割开，拖出一只小鼠来。

"它是多么小呀！"妹妹惊诧起来，"又是黄的！真有这样的老鼠吗？"

"这是鼠，"哥哥解释着说，"田鼠。每一种都有一定的名称，可是我不知道这一只是怎么叫的。"

那只小老鼠张开粉红色的小嘴，比克、比克地叫起来。

"比克！它在说，它叫比克！"妹妹笑起来了，"你瞧，它在发抖呀！唉，它的耳朵上还有血哩。一定是在捉到的时候，你的小刀把它划伤了的。它是多么痛呀！"

"反正我要杀掉它的！"哥哥生气地说，"我要把它们杀光。它们为什么要偷我们的粮食呢？"

"放它去吧！"妹妹央求着说，"它还小哩！"

可是哥哥怎么也不肯，"我要扔它到小河里去！"他说罢，就向着河边走去。

女孩子顿时想到了一个法子来救活这小老鼠。

"停住！"她喝住了哥哥，"你知道吗？把它放在我们顶大的一只船里，让它去做个旅游吧！"

哥哥同意了这个建议，反正小老鼠定会淹死在河里的。小船载着一个活旅客放出去，倒是挺有趣的。

他们装好帆，把小老鼠放在木制的小船里面，就放到河流里去了。风推着小船，推着它离开了河岸。

小老鼠紧紧地抓住干燥的树皮，一动也不动。孩子们在岸上向它挥手。

这时候，家里叫他们回去，他们看到那只轻飘飘的小船，扯着满帆，在河的转弯地方不见了。

"可怜的小比克！"他们回到家里以后，女孩子说，"一定的，风会吹翻那小船，比克也终究会淹死的。"

男孩子一声不响儿。他正在想，怎样才能够把谷仓里所有的老鼠弄个干净。

（二）

小老鼠在松树皮做的小船上漂呀漂的。风推着小船，离开河岸越发远了。周围涌着高高的水浪。在小老鼠比克看来，广阔的河面简直像是一个大海洋。

比克出生还不过2个星期。它不会自己寻食吃，也不会躲避敌人。那一天，老鼠妈妈是第一次带着她的孩子们从窝里出来走走。当那个小孩子吓唬老鼠家族的时候，她正在给它们喂奶哩。

比克还是一只乳鼠。孩子们跟它开了一次狠毒的玩笑，把一只幼小的毫无自卫能力的老鼠，送上这样危险的旅程，他们还不如一下子杀了它好。

整个世界都在对付它。风吹着，像是一定要吹翻那小船；浪击打着小船，像是一定要把它沉到黑黝黝的河底去。兽、鸟、鱼、爬虫一切都在对付着它。每一种东西，对于这只无知的毫无自卫能力的小老鼠，都是不利的。

几只大白鸥，首先看到了比克。它们飞了下来，在小船上面兜着圈子。它们愤怒地叫起来，因为不能够一下子结果这只小老鼠的性命。它们怕飞下来碰着硬梆梆的树皮，而伤害了自己的嘴巴。有几只落到水面上，游泳过来追赶那小船。

一条梭鱼从河底浮上来，也游在小船的后面。它正等候着白鸥把小老鼠推到水里来。到那时候，它就可以不费气力，吃到那小老鼠了。

比克听到白鸥狡猾的叫声，它闭上了眼睛，在等死。

正在这个时候，从后面飞来了一只狡猾的大鸟——捉鱼吃的白尾鹛。白鸥就立刻四散地飞开了。

白尾鹛看到小船上的老鼠，和跟随着游在船边的梭鱼。它就放下翅膀，向下直冲。它冲到小船的旁边，翅膀的尖端触碰着了帆，小船就被它撞翻了。白尾鹛的爪子抓住梭鱼，当从水里飞升起来的时候，翻了的小船上面已经什么也没有了。白鸥从远处看到这样，就飞了。它们在想，小老鼠一定沉下去了。

比克没有学习过游泳。它一落在水里，想着要不沉下去，就应该把4只脚摇动，它浮上来了，用牙齿咬住了小船。

它和翻了的小船一起漂流着，不多一会，水浪把小船推到一处陌生的岸边，比克跳到沙滩上，很快地钻进灌木丛里去了。

这是的的确确的翻船，小旅客能够活命，还算是好运气哩。

（三）

比克被水浸得浑身湿透。它用自己的小舌头舔毛，不一会儿，毛全干了，它也觉得温暖了一些。

它想吃东西，可是走到灌木丛外面去它又害怕，从河边传来白鸥尖锐的叫声。因此，它就整天挨着饿。

天终于黑起来了。鸟都睡着了，只有啪啪地响着的水浪声，还在冲击靠近的河岸。

比克小心地从灌木底下爬起来。它一看，什么也没有。它就像一个小黑球，急急忙忙地滚到草里。

它拼命找食，只要眼睛里看到的叶子和茎，它都去吮来吃。可是里面并没有奶。它只得用牙齿把它们咬断或嚼碎。忽然，有一种温和的汁水，从一根茎里淌出来，流到它的嘴里。汁水是甜的，跟妈妈的奶一样。

比克把这根茎吃掉，接着又就去寻找别的同样的茎。它真饿得慌，环绕着找了一遍，一点都没有再看到。

高高的草的上空，已经升起了圆圆的月亮。黑影毫无声息地在天空掠过，这是敏捷的蝙蝠，在追逐夜飞的蝴蝶。

草里，到处可以听到轻微的吱吱喳喳的声音。有的在那儿移动，有的在灌木丛里走来走去，有的在蔓草里跳跃……

比克正在吃着。它把茎一直啃到地上。茎倒下来，冷冷的露珠滴在小老鼠的身上。倒下来的茎的顶头，生长着小穗，这是很好吃的东西，现在比克找到了。它坐了下来，两只前脚跟手一样的举起茎来，很快地把穗儿吃掉了。

擦拍！在小老鼠不远的地方，有种东西碰在地上。

比克不啃了，仔细地听。草里在擦拍、擦拍地响。

擦拍！前边草堆的后面又传来了响声！

有一种活东西在草里，一直向着小老鼠跳过来。

比克正想赶快向后转，跑进灌木丛林里去。

擦拍！从后又跳过来。

擦拍！擦拍！四面八方都在传过声音来。

擦拍声音在前面已很近了。

有一种活东西，它那长长的排开的脚在草上急急地跳动。

拍地一声，一只眼睛凸出的小青蛙，落到了地上，正好落在比克的鼻子前面。它慌慌张张地盯住小老鼠。小老鼠又奇怪又害怕地在看它光滑的皮肤……它们面对面地坐着，都不知道应该怎么办。

四周和以前一样，响着擦拍、擦拍的声音，整整的一群小青蛙，不知从什么东西嘴里逃命出来，在草里一蹦一跳。轻微急速的悉索、悉索的声音，越来越近了。

一刹那，小老鼠看到，在一只小青蛙后边，一条银灰色的蛇，拖着又长又软的身子，正在爬袭过来。蛇向着下面爬，一只小青蛙的长长的后脚，还在它张大的嘴里抖。后来怎样，比克并没有看见。它急忙跳开，连自己也不知道，它已经跳到离地面很高的一棵灌木的树枝上了。

它在那儿度过了这一夜，它的小肚皮被草擦痛得着实厉害呢。

比克不再担心挨饿了，它已经学会了自己怎样去找食吃。可是，它又怎么能单独抵御所有的敌人呢？

老鼠们老是聚族而居，这样就比较容易抵御敌人的侵袭。谁发觉了一个走近来的敌人，只要吱一声，大家就会躲起来了。

比克只是独个儿。它需要赶快找到别的老鼠，跟它们生活在一起。于是比克出发去寻找了。只要它受得住，它总是尽力向灌木攀过去。这地方，蛇实在太多了，它不敢爬到地下来。它的爬树本领学得真不错。

尾巴帮了它不少忙。它的尾巴又长又软，能够攀得住树枝。它靠着一只这样的钩子，能够在细枝上攀来攀去，并不比长尾巴猴差。

从大枝到大枝，从小枝到小枝，从树到树，比克连着三夜这样地攀缘过去。到最后了，灌木完了，再过去是草原。

比克在灌木丛里，并没有遇到老鼠。

草原是干燥的，蛇是不会有的。小老鼠胆大起来，连白天也敢走路了。现在它碰到了什么吃的都吃，各种植物的籽和块茎、硬壳虫、青虫、小虫。不久，它又学会了一种逃避敌人的新法子。

事情是这样的，比克在地里挖到一些硬虫的子虫，它用后脚坐起来，一边细细地在咀嚼。太阳明亮地照着，蚱蜢在草里跳来跳去。比克看到远远的草原上面，有一只小野雁，可是比克并不很害怕。野雁——一只比鸽子稍稍小一点儿的鸟，不动地挂在天空里，正好像挂在绳子上一样。它的翅膀一动一动，它的头在不停地转。

小老鼠并不知道，野雁的眼睛是多么厉害。

比克的小胸膛是白色的。它坐在褐色的地上坐的时候，老远都看得到它的小胸膛。比克知道危险，不过野雁已经一下子从上面冲下来了，像箭一样地向它扑过来。要逃跑，已经有些迟了，小老鼠的脚吓得动弹不得。它把胸膛紧紧贴在地上，几乎连知觉也失去了。

野雁飞到小老鼠那儿，突然又飞回到天空，尖尖的翅膀差一点碰到比克。野雁怎么也不明白，小老鼠到底躲到哪儿去了。它刚才看到小老鼠的又白又亮的小胸膛，忽然又没有了。它紧紧地盯住小老鼠坐着的那块地方，可是只看见褐色的泥块。

比克却仍旧躺在那儿，仍旧在野雁的视线里面。原来它背上的毛是褐黄色的，跟泥土的颜色差不多，从上面望下来，怎么也不能发现它。

一只绿色的蚱蜢，刚好从草里跳出来。野雁冲下来，抓住它就飞，一直飞出了视线。

保护色救了比克的性命。它从那个时候起，一发觉远处有敌人，就马上会把身体紧贴在地上，一动也不动儿，这时保护色就会起到作用，瞒过非常锐利的眼睛。

（四）

比克天天在草原上跑，它找遍了所有的地方，找不到一点儿老鼠的踪迹。后来，又到了一处灌木丛林。在丛林后边，比克听到了熟悉的海浪冲击的声音。

小老鼠应该回过头来，向别的一个方向走过来。它整夜地跑，到了早晨，发现它是在一个干枯的池塘里跑。

这里长着的是干燥的苔草，没有什么来充饥。从来不见有一个蛆虫，或是青虫，或是一棵有汁的草。

第二天夜里，小老鼠一点力气都没有了，它勉强挣扎到一个小丘上，跌倒了。它的眼睛粘得睁不开来，喉咙里干得要命。它躺下来，舔舔苔草上面冰冷的露水，稍稍润一润喉咙。

天开始亮了，比克从小丘上远远地看到长满苔草的山岭后面是草原。那些滋润的草，长得高的像一堵墙。可是小老鼠已经没有力气起来到草地那儿去了。

太阳终于出来了。露水顷刻间给太阳炙热的强光晒下去了。

比克觉得它要完蛋了。它用尽所有的力气爬过去，可是马上又倒了下来，从小丘上滚了下去。它的背先落地，四脚朝天，现在看到面前只有一个长满苔藓的小丘。

在小丘里，有一个深的墨黑的小洞，直对着它，可是小洞很狭窄，连比克的头也钻不进去的。

小老鼠比克看见洞的深处，有个什么东西在动。

一会儿，洞口出现了一只胖胖的长茸茸的山蜂。它从小洞里爬出来，用脚搔搔圆圆的脚，拍拍翅膀，飞到天空中去了。

山蜂在小丘上面兜了一个圈子，向着它的小洞飞回来，在洞口降落。它在那儿站着，用它的坚硬的翅膀做起工来，风一直吹到小老鼠的身上。

嗡嗡！翅膀响着声音，嗡嗡！……

这是只山蜂的号手。它把新鲜的空气赶进深长的小洞里去，给洞里换点空气，同时叫醒旁边还在窝里睡觉的山蜂。

一会儿，所有的山蜂，一个跟着一个地从小洞里爬出来，飞到草原里去采蜜了。号手最后一个飞去，只剩下比克独个儿。它已经懂得，为了活命，它应该怎么做。它用前脚拼命地爬过去，到了山蜂的小洞口。香甜的气息，冲到它的鼻子里。

比克用鼻子来撞泥土。泥土落下来了。

它接连地撞，一直到挖出一个洞来。洞底下是灰色蜡做成的大蜂窝。在有些蜂房里，躺着山蜂的子虫，还有些蜂房里，尽是香气扑鼻的蜂蜜。

小老鼠贪婪地舔着甜蜜的食品。它舔完了所有的蜜，就转到子虫身上去了，把它们活生生地吃掉了。

它身上的气力马上恢复过来——自从离开妈妈以后，它从来没有吃过这样饱饱的一顿。现在已经用不到费力了，它还是把泥土挖过去，找到所有又是蜜、又是子虫的新蜂房。蓦地，不知道什么东西在它脸颊上面刺了一口。比克跳开去，一只大母蜂从地下向着它爬过来。

比克想要向它扑过去，可是山蜂的翅膀，在它头上发出嗡嗡的声音——山蜂们从草原里回来了。它们整群的军队向着小老鼠冲过来，它一点儿没有办法，只得拔脚就跑。

比克四脚齐跳地逃开了。生在它身上的毛，替它挡住了山蜂们厉害的针刺。可是山蜂拣它身上毛生得稀少的地方来刺，刺它的耳朵、脚、额角。不知道哪来这样的敏捷，它一口气儿，飞一样地跑到草原，躲在密密的草里。山蜂也就放过了它，回到它们遭过抢劫的窝里去了。

这一天，比克走过一块潮湿的沼地，又到了河岸上。

比克已经是在一个岛上了。比克来到这个岛上，岛上是没有人的，连老鼠也没有。只有鸟、蛇和蛙住在那儿，因为它们要越过一条宽阔的河，是满不在乎的。

比克不得不在敌人的包围里，独自生活。

著名的鲁滨逊，在他到了一个荒岛上面，就在想法子，独个儿应该怎么生活。第一步，他决定替自己盖起一所屋子来，抵御风雨和敌人的袭击。然后聚积些食物，好过冬天。

比克只不过是一只小老鼠，它想法子不会这么周到的。可是它所做的，正好跟滨逊一样，第一件事情，它要盖起一所屋子来。

没有谁教过它盖屋子，这本领是在它血统里面的。它盖的屋子跟所有和它同种的老鼠的一模一样。

在沼地上，长着高高的芦苇，中间夹着菅草。这些芦苇和菅草，是给老鼠做窝顶好的材料。比克拣了几支并排长着的小芦苇，爬到它们上面，咬掉顶上的一段，再用牙齿把上端咬得裂开。它是又轻又小，所以草能够轻松地把它支撑得住。

它再去寻找叶子。它爬上菅草，把草茎上的叶子咬断。叶子掉落下来了，小老鼠就爬到下面，两只脚举起叶子，用牙齿咬紧来撕。小老鼠把叶子上满是纤维的筋衔到上面去，平平地把它们嵌在裂开着的茎的上端。它爬上同样细的芦苇，把它们压倒在自己底下，把它们的上端，一个一个地连接起来。

结果，它有了一所轻轻的、圆圆的小屋子，很像一个鸟窝。整个屋子，跟小孩子捏成的拳头那么大。

小老鼠在屋子旁边，做成一个出口；屋子里铺着苔草、叶子和细小的草根。它用柔软温暖的花絮，做成一张床。这个卧室做得好极了。

现在比克已经有休息、躲避风雨和敌人的地方了。这个草窝，隐藏在高高的芦苇和丛密的菅草里，就算是非常锐利的眼睛，从远处也不会发觉的。没有一条蛇能够爬到窝里来。就是真正的鲁滨逊，也不会想出比这更好的法子来吧。

（五）

小老鼠平平安安地住在自己的空中小屋里。它已经长大了，可是长得很小。它不会再长大起来，因为比克是属于身体细小的一种老鼠。这些老鼠的身子，比灰色的家鼠还小。

现在，比克常常好久不在家里。天热的日子，它在离开草原不远的一个池塘里洗澡。

有一次，它在晚上从家里出去，在草原里找到两个山蜂窝，吃饱了蜂蜜，躺在那儿的草里，睡过去了。

比克一直到早晨才回家去。它在窝的下面，发觉情形有些不妙。一条宽的黏液，黏在地上和一根茎上，一条肥肥的尾巴，伸出在窝的外面，小老鼠这一吓，真是非同小可。这条光滑肥胖的尾巴像是蛇，蛇的尾巴是硬的，还有鳞，但是这一条是光的、软的，全是沾着黏液的。

比克鼓起勇气，沿着茎爬得靠近一些，要去看看这位不请自来的客人。

这个时候，尾巴缓缓地开始转动，吓得要命的小老鼠马上滚到了地上。它躲在草里，看到这个怪东西懒懒地从它屋子里爬出来。

起先，肥胖的尾巴在窝的门口不见了。后来，从那儿出现两只长长的软角，角的头上都是小泡。再后来，又是两只同样的角，不过是短的。最后，这个怪东西的整个怪模怪样的头伸了出来。

小老鼠看到它慢吞吞地爬出来，原来是一条大蜗牛的又光又软、满是沾着黏液的身子，从它屋子里游出来。蜗牛从头到尾有三凡尔萧克多长。

大蜗牛向着地面爬下来。它柔软的肚皮平平地贴在茎上，就留下了一条宽的液。比克没有等它爬到地上，早已溜走了。柔软的蜗牛是不会为难它的，可是小老鼠讨厌这个迟钝的、满身黏液的动物。

过了好几个小时，比克才回家。不知蜗牛已经爬到那儿去了。

小老鼠爬到自己窝里。那儿到处都是黏着讨厌的黏液。比克把所有的苔草丢掉，铺上了新的。铺好以后，它躺着才去睡觉。

从此，它从家里出去时，总是用一束干草，把门口堵住。

日子短起来了，夜里格外的冷。

野草的籽成熟了。风把它们吹落在地上，成群的鸟，也飞到小老鼠住的草原上来衔草籽。

比克吃得很饱。它一天一天地胖起来。它的毛亮得发光。

现在，这个四只脚的鲁滨逊，自己造了一间贮藏室，在里面贮藏着过冬的粮食。

它在地里挖了一个小洞，洞底比较宽大一些。它把草籽放进去，好像放在地窖里一样。

到后来，它认为还是太少。于是它在旁边挖了一个新洞，用地道把它们接通。

天老是下雨。地面软起来了，草枯黄了，湿透了，倒了下来，比克的草屋坠下来，现在挂在离地面没有多高的地方，里面发起霉来了。

住在屋里并不好。草不久就要全倒在地上，窝会像一个显而易见的黑皮球那样的，挂在芦苇上面这是够危险的。

比克决定搬到地上去住。它再也不怕蛇会爬到它洞里来，或是坐立不安的蛙会来吓它——蛇和蛙早已躲到别的地方去了。

小老鼠在小丘下面，挑选了一处干燥和清静的地方来做窝。比克在避风的一面，筑了一条通到洞里去的路，使得冷风吹不进它住的地方。

从进口的地方，有一条长长的直廊，直廊的尽头开宽一些，成了一个圆形的小房间。比克把干燥的苔草拖到这里，为自己筑成了一间寝室。

它新的地下寝室既暖和，又舒服。它从地下寝室里，开挖出去通到两个地窖去的路，使自己用不着出来，就能够跑过去。小老鼠一切都准备好了以后，就把它那空中的夏季别墅的进口，用草塞紧，搬到地下的窝里去了。

（六）

鸟再也不飞到草原上啄草籽了。草紧紧贴在地上，冷风自在地在岛上吹来吹去。

那个时候，比克发胖得吓坏人，它身上感到多么的没力，它越发地懒洋洋了，很少从洞里爬出来。

有一天早晨，它看到它的窝的进口被塞住了。于是它咬开冰冷松脆的雪，走到草原上来。土地上是一片白色，雪在太阳里发出刺眼的光亮，小老鼠没有毛的脚掌冷得要命。

后来，冰冻的日子到了。

事先，如果小老鼠没有替自己贮藏着吃的东西，它怎么能够从厚厚的冻结的雪底下发掘草籽呢？

比克老是没精打采地想睡觉。它现在常两三天不从寝室里出去，老在睡觉。它一醒过来，就走到地窖里去，在那儿吃一个饱，一睡又是好几天。

　　它压根不到外面来了。

　　它在地下真舒服。它把生着柔毛的身子，蜷成温暖的一团，躺在软软的床上。它小小的心房跳得越发慢，越发轻，呼吸越来越轻微，一个甜蜜的长时间的睡眠，彻底把它征服了。

　　幼小的老鼠，跟土拨鼠或哈姆斯脱鼠不同，并不会整冬的睡。因为长时间的睡眠，会使它们消瘦起来，使它们感觉到寒冷，它们就醒过来，去找自己的存粮。

　　比克睡得很安静，因为它有整整的两个地窖的草籽。可是它没有想到，一个多么突如其来的不幸，马上要落到它身上。

　　一个冰冷的冬天的晚上，孩子们坐在暖和的火炉旁边。

　　"小动物现在真是难过。"妹妹忧郁地说，"你记得小比克吗？现在它在哪里呢？谁知道它呀！"哥哥冷冷地回答着说，"它一定早已落到什么活东西的爪子里去了。"

　　女孩啜泣起来了。

　　"你怎么啦？"哥哥奇怪起来。

　　"小老鼠真可怜！它的毛是多么柔软，颜色是带点黄的……"

　　"你可怜它？我放好捕鼠笼，给你捉上100只！"

　　"我不要100只！"妹妹哭着说，"给我一只这样小的、带点黄色……"

　　"等着，小傻瓜，这样一只准会弄得到的。"

　　女孩子用小拳头把眼泪擦干："哦，记住，弄到了你不要动它，送给我，答应我好吗？""好吧，会哭的家伙！"哥哥同意了。

　　在那天晚上，他在储藏室里放上捕鼠笼。

　　正是那一天晚上，比克在它的洞里醒过来了。小老鼠在睡梦中感觉到，有一样沉重的东西压在它背上。而寒冷立刻就浸入到它的毛里。

　　比克完全醒过来以后，它已经冷得发抖。泥和雪从上面掉在它身上，它的天花板坍下来了，走廊被堵塞住了。

　　一分钟也慢不得，寒冷是不开玩笑的。应该到地窖里去，赶快吃饱草籽，吃得饱了会温暖一些，寒冷冻不死吃饱的动物。

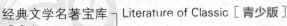

小老鼠跳上去，踏着雪，向着地窖口跑过去。

雪的周围，都是窄的、深的小坑，是羊的蹄印。比克老是跌到小坑里，爬上来，还是掉下去。

当它到了它的地窖那个地方，它看到那儿只有一个大坑。

羊不但把它的地下室破坏了，还吃掉了它所有的存粮。

（七）

比克在坑里总算还挖到了一些草籽，这是羊蹄把它们踏到雪里的。

食料给了小老鼠不少力气，还让它温暖了很多。它又懒懒地想睡觉了，可是它明白，睡觉准会冻死。

比克把自己贪懒的念头打断，拔脚就跑。

到哪儿去呢？这连它自己也不知道，光是跑，任着性子跑。

夜已经来了，月亮高高地挂在天空。四周围的雪，发着淡淡的光芒。

小老鼠跑到河岸，停下来。影是陡峭的。峭壁下面是一条宽阔的冰冻的河，发着亮光。

比克小心地嗅着空气。它怕在冰上跑，如果谁在河的中间把它发现了，那可怎么办？在雪里如果有危险，它还可以躲藏哩。

回去？那是冻死和饿死。前面或许有一个地方，有食物和温暖。比克就向前跑去。它走到峭壁的下面，离开了那个岛，它在那个岛上，过了好长时间安静的生活。

可是一对凶恶的眼睛，已经发现它了。

它还没有跑到河中心，一个迅速的毫无声息的阴影，早在它后面追赶过来。就是这个阴影，轻快的阴影，它也是转过身来才看到的。它并不知道，到底是什么东西在它后面追过来。

它在凶险的时候，老是把肚子贴在地上的老法子，已经没有用了——在发着光亮带些淡青色的冰上，它褐色的毛成为明显的一堆，月夜透明的烟雾，使它没法躲避敌人的恐怖的眼睛。

阴影罩住了小老鼠，钩一般的爪抓住了它的身子，痛得要命。不知道是什么东西重重地啄在它的头上，比克连知觉也失去了。

比克在漆黑里苏醒过来。它躺在一种又硬又不平的东西上面。头和身上的创伤痛得很厉害，可是它感到很温暖。

它舔完自己的创伤，它的眼睛也慢慢地对黑暗习惯起来了。

它看到，这是在一个宽阔的地方，圆的墙壁向上面伸展过去。看不到天花板，只在小老鼠的头顶上，有一个大洞开着。朝霞的光线还是十分黯淡，透过这个洞，射到这个地方来。

比克一看它躺在什么东西上面，就马上跳了起来。原来它躺在死老鼠的身上。老鼠有好多只，它们的身体都已硬了，躺在这儿一定经过很长时间了。

恐怖给了小老鼠力量。比克沿着笔直的粗糙的墙壁爬上去，看看外边。

四周只有积满着雪的树枝，树枝下面可以看到灌木树的顶。

比克自己是在树上，正从树洞里面望出去。

谁把它带到这儿扔到树洞底下，小老鼠永远不会知道的。它总算没有为这个谜大伤它的小脑筋，得赶快从这儿逃出去。

事情是这样的：树林里的一只大耳朵的枭，在河里的冰上追它，枭用嘴啄住它的头，用爪抓住，带到树林里来的。

真是幸事，枭已经吃得很饱，它刚捉到一只兔子，吃得很饱，它的肚子已经装满，现在里面连一只小老鼠的地方也容纳不了，它就决定留下比克储藏起来。

枭把它带到树林里，扔在自己的储藏室的树洞里面。枭从秋天开始，就把几十只死老鼠放到这儿。冬天寻食总是困难，连这种狡猾的夜强盗——枭，也会时常挨饿的。

自然啦，它并没有知道小老鼠只不过昏了过去，如果不是这样，它准会马上用它锐利的嘴，啄碎小老鼠的头骨的。它老是一下子就能结果了老鼠的命。

这一次，比克真是幸运得很哩。

比克平平安安地从树上爬下来，钻进灌木丛林里去了。

直到现在，它才觉察到，它的身上有点不舒服。它的呼吸从喉咙里发出尖锐的声音，虽然并不是致命的伤，可是枭的爪把它的胸部抓伤了，因此在快跑以后，就会发出尖锐的声音来。

它休息了一会儿，呼吸正常起来，尖锐的声音就没有了。小老鼠吃饱灌木上苦涩的树皮，重新向前跑，远远地离开这个恐怖的地方。

小老鼠跑着，在它后面的雪上，留下两条浅浅的小路，是它的脚迹。

比克跑到草原上，在围墙后面，那儿耸立着一幢烟囱冒着烟的的大屋子。

一只狐狸已经发现了它的脚迹。狐狸的嗅觉是非常敏锐的，它马上知道，小老鼠刚才跑过去，于是就在后面追它。它的火一样的红尾巴，在灌木丛林里闪闪发光，自然啦，它跑得要比小老鼠快多了。

（八）

比克并不知道，狐狸正跟着它的踪迹追赶它。所以两只大狗从屋子里叫着，向它跳过来的时候，它以为自己完蛋啦。

可是狗，实实在在的，并没有发觉它，它们看到从灌木丛里跳出来的狐狸，就向着狐狸扑去了。

狐狸一下子转过它的火一样的尾巴，只闪了一闪儿，就在树林子里不见了。狗在小老鼠的头上跳过去，也跑向灌木丛林。

比克安全地到了屋子里，钻到地下室里去了。

比克在地下室里首先觉得的，是一股浓厚的老鼠的气味。

每一种动物都有它们自己的气味，老鼠靠气息来辨别彼此，正像我们靠外貌来辨别人一样。

因此比克知道，那儿住的老鼠，并不是跟它同种。可是都是老鼠，比克也是一只小老鼠，它高兴极了，就像鲁滨逊从他的荒岛上回来遇到人一样，十分高兴。

比克马上跑过去寻找老鼠。可是，在这儿找老鼠，并不是那么容易的。虽然到处都是老鼠的踪迹和气味，可是什么地方也见不到老鼠的影子。

地下室的天花板上有一些小洞。比克想，老鼠或许住在那儿，在上面，它沿着墙爬过去，钻进小洞，就到了储藏室。

地板上，放着装得满满的大麻袋。有一只的下面已经被咬破，麦籽从袋里落到地板上面。

储藏室的墙上是架子。味道极好的香味，从那儿透出来。有熏过的，有炒过的，有炸过的，还有很甜的……

饥饿的小老鼠馋地拿着就吃。

吃过苦涩的树皮以后，它尝到麦子，这该多么好吃呀。它吃了一个大饱，饱得连气都透不过来。

在它的喉咙里，又吱吱地叫起来，唱起来了。

在这个时候，一个长着胡须的尖头，从小洞里伸出来。愤怒的眼睛在黑暗里发着亮光，一只大的灰色的老鼠跳进储藏室，在它后边还跟着4只同样的老鼠。

它们的外貌是多么的吓人，比克不想去跟它们碰头。它害怕地蹲在原来的地方，吓得越叫越响。

灰色的老鼠们，不喜欢这样的叫声。从哪儿来的这只陌生小老鼠音乐家呢？灰色的老鼠们，把储藏室当作是它们自己的。它们从来不让树林里跑来的野老鼠闯到它们的地下室里来，也从来还没有见到过这样叫的老鼠哩。一只老鼠向着比克扑过去，在它的肩上狠狠咬了一口。其余的也跟着它奔上来。比克好不容易避开它们，跑进一只柜子底下的小洞里去了。小洞真狭小，灰色的老鼠不能够跟它钻进去的。在那儿，它是安全的。

可是它却非常伤心，因为它的灰色的同族，并不愿意把它收容到它们的家庭里面去。

每天早晨，妹妹老是在问哥哥："怎么样，小老鼠捉到吗？"

哥哥把他用笼子捉到的老鼠，拿给她看，可是都是灰色的老鼠，女孩子都不喜欢它们。她对它们还有些害怕。她一定要一只黄色的小老鼠。

"放掉它们。"女孩子不高兴地说，"这些都是不好的。"

于是哥哥把捉到的老鼠拿出去，瞒过妹妹把它们溺死在水桶里。最近几天，不知为什么，老鼠根本捉不到了。

（九）

奇怪的是，笼里的食饵，每天夜里都被吃掉了。一天晚上，哥哥把一小块有香气的熏火腿放在钩子上，撑开捕鼠笼结实的小门，早上去看——钩子上面什么也没有，门倒是关上了。

他已经好几次检查过捕鼠笼，看看有没有小洞。可是捕鼠笼上并没有老鼠可以爬出爬进的小洞。

这样过了整整一个星期，哥哥怎么也不明白，谁偷了他的食饵。

直到第八天早晨，哥哥从储藏室里跑来，刚到门口就喊："捉到了，瞧！带点儿黄的！"

"带点黄的，带点黄的！"妹妹高兴极了，"看，这是我们的比克——它的小耳朵割开过的！你可记得，那时候你的小刀……你跑去拿牛奶，我马上穿衣起来。"

这时她还躺在床上哩。

哥哥跑到别的一间房间里去了。妹妹从床上起身，先把手里的捕鼠笼放到地板上，然后迅速地穿上大衣。

可是她再看看捕鼠笼的时候，那儿已经没有老鼠了。

比克早就学会从捕鼠笼里逃出来。捕鼠笼的一根铅丝是弯的。普通的灰色老鼠没法从这个隙缝里钻过，可是小身体的比克却能够自由自在地穿出穿进。

它从敞开的小门走进笼里去马上就咬着食饵。小门啪地一声关了，起先有些怕，后来就再也不怕了，它安安心心地把食饵吃掉，然后再从小缝里走出来。

在最后一夜，哥哥偶然把捕鼠笼有小缝的那一面，紧紧靠住墙壁，比克因此被捉住了。但是当女孩子把捕鼠笼放在房间当中的时候，它就逃了出来，躲到一只大箱子的后面去了。

哥哥看到妹妹满脸是眼泪。

"它跑掉了！"她含着眼泪说，"它不愿意住在我这儿。"

哥哥把牛奶碟子放在桌上，就去安慰她。

"哭什么！我马上会在靴子里捉到它！"

"怎么会在靴子里呢？"女孩子奇怪起来。

"这很简单，我脱下靴子来，把靴口靠在墙上，你就去赶小老鼠。它会沿着墙跑的，它们老是靠墙壁跑的。看到靴口，它一定以为这是一个洞，就会逃进去的。那我就可以在靴子里捉到它啦。"

妹妹不哭了。

"你可知道？"妹妹仔细地想了想说，"我们不要去捉它吧。让它住在我们房间里。我们没有猫，谁也不会去惊动它的。我要给它喝牛奶，把牛奶放在这儿地板上。"

"你老是出花样！"哥哥不耐烦地说，"这不关我的事。我已经把小老鼠送给你了，你喜欢把它怎么办就怎么办吧。"

女孩子把碟子放在地板上，把面包弄碎，放在里面。自己坐在旁边，在等小老鼠走出来。可是直到夜里，它怎么也不出来。孩子们甚至以为它已经从房间里逃出去了。

第二天早上，牛奶被喝光了，面包也吃掉了。

女孩想：我怎样使它驯服呢？

比克现在生活得非常好。它老是吃得很饱，房里没有灰色的老鼠，他没有人来惊动它。它把布片和纸片拖到箱子后面去，在那儿给自己做了一个窝。

它对人还是害怕，只在夜里，孩子们睡了以后，才从箱子后面走出来。可是有一次，在白天，它听到了动听的音乐。有人在吹笛子，笛子的声音又轻，调子又很哀伤。它控制不了音乐的诱惑就靠近去听。它从箱子后面爬出来，蹲在房间当中的地板上。

哥哥在吹笛子，女孩子坐在他旁边听，她第一个发现了小老鼠。

她的眼睛突然地张大起来。她用手臂轻轻地碰碰哥哥，轻声地说："别动！你看，比克出来了。吹呀，吹呀，它爱听的！哥哥继续吹着。"

女孩子静静地坐着，不敢动一下。

小老鼠听着笛子里吹出来的悲哀的歌曲，已经完全忘记了危险。它还走到碟子旁边，舔舔牛奶，好像房间里没有人一样。舔过以后，自己也吱吱地叫起来了。

"听到吗？"女孩子轻轻地对哥哥说，"它在唱哩。"

比克一直到孩子放下笛子的时候，自己才明白过来，又马上跑回到箱子后面去了。现在孩子们已经知道，怎样才能驯服野老鼠。他们时常轻轻地吹起笛子。比克走出来，到了房间当中，坐着听。当它也吱吱地叫起来的时候，他们就像在举行真正的音乐会。

不久以后，小老鼠对孩子们已经很习惯，不再怕他们了。没有音乐，它也会出来。女孩子还教它从她手里去拿面包。她坐在地板上，它会爬到她的膝盖上去。

孩子们给它做了一所木头的小屋子，窗是画上的，门是真的。

它住在他们桌子上的这间小屋子里。当它出来散步的时候，它还是照着它的老习惯，用它见到的东西塞上门：布片啦，小纸片啦，棉花啦。连那个非常不喜欢老鼠的哥哥，也对比克非常地亲热。他很喜欢看小老鼠用前脚来吃和洗脸，好像用手一样。

妹妹很爱听它轻微的叫声。"它唱得好。"她对哥哥说，"它很爱音乐。"

她头脑里没法知道，小老鼠根本不是为自己的高兴而唱的。她更没法知道，小比克在到她那儿以前，曾经经历过怎样的危险，完成了多么困苦的旅行。

这个故事就让它这么结束也好。

（完）

一千零一天

请听一个童话——关于水底世界的童话，虽说是一个童话，却也是真事。有什么办法可想呢，在水底世界，一切都跟我们地上不一样：在那里，童话也是真事。在那里，由水代替空气。那里的天空是平坦的。那里不下雨，也不下雪。下冰雹的时候，冰雹不落地，而是向后转，飞回天上，漂浮着，直到融化为水。因为那儿的天空也是水呀！

水底居民——各式各样的鱼、水蛭和龙虱，对这种情况已经习以为常，一点儿不觉得惊奇。但是，有一次，发生了奇迹。

夏季已将近末尾。那天天气晴朗，阳光普照，整个天空银光闪闪。好天气，那儿的天空总是银色的呀！

突然，从天上撒下一阵雹子。小极了，小极了。

小雹子向下落，不停留，一直落到水底。它们躺在水底，没有融化。

所有的水底居民都大吃一惊。

但是，小雹子很快就被沙子埋了起来。大家也就把它们忘记了。

后来，冬天来了，水的天空冻成了冰。

水底世界入梦了。

春天，水的天空解冻后，所有的水底居民又活跃起来。龙虱伸展开翅膀，飞到有太阳光的世界去，什么时候想回来，就回来。鱼儿撒起欢儿，腾身跃出水面，银鳞在阳光下一闪，又钻回水里。连水蛭，都趁小孩子们来洗澡的机会，吸附在他们身上，靠这方法，它们有时能到上面，到阳光世界里去看看。只有下面，在水底居住的一群六脚小怪物，还从来没见过太阳光。

不过，你别以为它们会哭，它们才不哭呢！在那水底下哭，该多可笑呀！那里，没有眼泪已经够湿的了。

这样过了一千天。

自从一场奇怪的鼋子落入水底后，过了一千天——三个冬天、三个夏天，整整的三年。现在，夏天又将近结束了。

毛茸茸的小怪物并没有长大多少：将小扫帚般的小尾巴加在一起，也只不过有一根火柴长。它们瘦得也赛过火柴棍。三年的工夫，它们一次也没见过太阳。

到了这样一天——温暖无风，阳光普照，整个天空银光闪闪。

突然，所有的小怪物一起从水底升起，游到水面。所有的小怪物一下子都离开了水底世界，爬上岸。到有阳光和清新空气的世界里来了。

它们刚爬上岸，就痉挛起来，身体歪歪扭扭地抽作一团。它们身上的皮在背上裂开了，往下脱。它们的皮突然掉了下来，好像小怪物们自己脱掉了衣裳。

小怪物们一脱下毛茸茸的衣裳，就立刻变成了美人儿，——多么漂亮呀，在童话里讲不清，用笔墨也形容不出：大大的眼睛；细细的须子；窈窕的身段；光滑的皮肤；背上有一对脉翅，脉翅下还有一对小翅膀；腹部有橙。

它们都感到欢喜！

无忧无虑的蜉蝣在空中舞了整整一天，跳的是环圈舞——上去又下来，上去又下来。它们什么牵挂也没有。不想吃，也不想喝。在这世界上，它们想做的事只有跳舞。

于是，它们跳着空中的环圈舞：上去又下来，上去又下来。太阳一落，它们就死去。第二天早晨，太阳出来了，岸上好象铺了一层雪，躺满了死蜉蝣。蜉蝣做的事只是跳舞。

于是，它们跳着空中的环圈舞：上去又下来，上去又下来。

太阳一落，它们就死去。

第二天早晨，太阳出来了，岸上好象铺了一层雪，躺满了死蜉蝣。不过，你可用不着为它们落泪——反正太阳一下子就会把你的眼泪晒干的。

要知道，蜉蝣在这世界上本来只能活一天——欢度一天节日。它们没有任何牵挂，它们连用来吃喝的嘴都没有。只有眼睛、翅膀和小尾巴——三条有弹力的长丝。蜉蝣可不是白白地跳舞：上去又下来，上去又下来。

每次它们往下飞的时候，都向水里撒下一堆小小的卵——象下冰雹似的。这就是那种水底世界里的怪雹子，就象一千零一天以前下的那场一样。春天，这些小雹子会变成六脚小怪物。

它们将在黑暗的水底中度过一千天——三个冬天和三个夏天——整整的三年，一次也不见阳光。

但是，再过一天，到了天气晴朗、阳光普照的那一天，小怪物就会爬上岸，脱掉毛茸茸的皮，变成能飞善舞的漂亮蜉蝣，升向太阳。

童话象这样就成了真事。

这是第三个奇迹——最主要的奇迹。

阿妞特卡的鸭子

秋雨连绵。蓄水池里的水泛滥了。

每天晚上，都有成群的野鸭飞到蓄水池里来。磨粉工人的女儿阿妞特卡，特别喜欢倾听野鸭在水里游动、扑腾时发出的声音。

磨粉工人傍晚常常去打猎。

阿妞特卡独自留在小木房里，非常寂寞。

她走到堰堤上，往水里撒面包屑，嘴里叫着："鸭，鸭，鸭！"

但是，野鸭不肯游过来。它们害怕阿妞特卡，都从蓄水池里飞走了。只听见它们的翅膀发出一阵喧嚣声。

这让阿妞特卡很难过。

"飞禽不喜欢我。"她想道，"它们不信任我。"

阿妞特卡非常喜欢禽类。磨粉工人家里没有养鸡，也没有养鸭。

磨粉工人从肩上卸下猎袋。阿妞特卡急忙跑过去整理猎袋里的野禽。

大猎袋里装着满满的用猎枪打死的各种野鸭。根据它们个头的大小和翅膀羽毛上的亮斑，阿妞特卡一眼就能区别出野禽的种类。

这一次，猎袋里装着蓝紫色亮斑的大凫（fú）、有绿色亮斑的绿翅鸭和

有灰色亮斑的白眉鸭。

阿妞特卡把野鸭一只一只从猎袋里掏出来，点了点数儿，摆在长凳上。"你数了几只？"磨粉工人一边喝粥，一边问道。

"十四只，"阿妞特卡说，"袋里好象还有一只！"

阿妞特卡把手伸进猎袋里去，掏出最后一只野鸭。哪知这只野鸭突然从阿妞特卡手里挣脱，拖着一只被打伤的翅膀，一头钻到长凳底下。

"活的！"阿妞特卡欢呼起来。

"给我。"磨粉工人命令道，"我把它脖子拧一下，它就死了。"

"爸爸！这只鸭子给我吧！"阿妞特卡央求道。

"你要它来干什么？"磨粉工人惊讶地说。

"我给它治好伤。"

"这是一只野鸭！它不肯让你饲养的。"

可是，阿妞特卡缠着爸爸，非要这只野鸭不可，最后总算要到了手。

野鸭在蓄水池里住了下来。

冬天临近了。

夜里，池水上蒙起薄薄的一层冰。大批的野鸭不再飞到蓄水池里来了，它们都南飞了。这只野鸭在灌木丛下开始感到愁闷寒冷。

阿妞特卡把它拿进屋里来饲养。阿妞特卡用来包扎它受伤翅膀的那块布，长到骨头上，取不下来了。因此，现在在野鸭的左翅膀上，已不再有蓝紫色的亮斑，只有一块白布。因此，阿妞特卡给她的野鸭起了个名字叫"白斑"。

白斑不再对阿妞特卡认生了。它许可阿妞特卡把它抱在怀里，抚摸它。阿妞特卡一召唤，它就会过去，直接从阿妞特卡手里啄东西吃。阿妞特卡满意极了。现在父亲出门的时候，阿妞特卡也不再闷得慌了。

春天，河上的冰刚一融化，野鸭就飞来了。

阿妞特卡又用一根长绳子把白斑拴上，放它到蓄水池里去游水。白斑不停地用嘴啄那根绳子。它叫呀，叫呀，叫个不停，想挣脱后跟随别的野鸭飞走。

阿妞特卡心里很可怜它，可也舍不得与它分开。最后，阿妞特卡想道："为什么要强迫它留下呢？它翅膀上的伤已经养好了。春天到了，它想孵小

野鸭。它想起我的时候，会飞回来的。"

于是，阿妞特卡把白斑放走了。

她对父亲说："今后你打野鸭的时候，请留意翅膀上有没有扎着白布的。千万别打白斑野鸭，让阿妞特卡的母鸭给我们孵一窝小鸭子呢！"

阿妞特卡惊异地说：

"你根本没跟我说过要买公鸭。也许白斑过不惯自由的生活，还要回来的。"

"小傻瓜，阿妞特卡，你真是个小傻瓜！谁看见过野禽自己回来过不自由的生活？就像狼，不管怎么喂它，它也还是想回树林里去。你的鸭子如果被老鹰抓住，那可没有命了。

天暖和得很快。河水已经泛滥，淹了岸边的灌木丛。河水还继续外溢，把树林也淹没了。那一年野鸭的日子才不好过哩！该下蛋孵小鸭了，可是土地整个泡在水里，没有地方做窝。

阿妞特卡可高兴极了。她有一只小船，想划到哪儿去，就划到哪儿去。

阿妞特卡乘小船到树林里去，她看见一棵有树洞的老树。

她用船桨敲敲树干，想不到"嗖"地一声，从树洞里飞出一只野鸭，径直落在小船旁水面上。阿妞特卡一看，简直不相信自己的眼睛了，它侧着身子，翅膀上扎着一条白布！虽然白布条已经很脏，但是还看得出来。

"鸭，鸭，鸭！"阿妞特卡唤道，"白斑！"

野鸭却躲着她，在水里发愣着，好象受了伤。

阿妞特卡划着小船追它，追呀追呀，不知不觉追出了树林。

阿妞特卡又返回原地找那棵老树。

她检查了一下树洞，发现里面有十二个椭圆形的淡绿色蛋。

"你心眼儿可太多了！"阿妞特卡想道，"竟想到在这地方做窝，免得被水淹掉！"

阿妞特卡回家告诉父亲，她在树林里看见了白斑。树洞的事，她一个字也没有提。她担心父亲会去把窝捣毁。

过了不久，水落了。

阿妞特卡观察到：每天中午，白斑飞到河里去寻食。这个时间天气暖和，窝里的蛋不致于凉透。

怕抱窝的野鸭吓着，阿妞特卡每次都先到河边去张望，摸清了白斑喜欢在哪块地方的芦苇丛里寻食。当白斑正在河里找东西吃时，她才放心地跑到树林里去看小野鸭孵出来没有。

有一天，阿妞特卡看见白斑正在水里找东西吃，忽然空中飞来一只灰秃秃的老鹰，一直朝它扑了过去。

阿妞特卡惊叫起来，但是已经晚了，老鹰已经用利爪抓住了白斑的脊背。

"我的鸭子完了！"阿妞特卡想道。

老鹰的头浸在水里，觉得情况不妙，因为在水里它连野鸭也对付不了！

又过了几天。阿妞特卡跑到河边去看时，找不到白斑了。阿妞特卡躲在灌木丛间，耐心地等待。

她好容易看见白斑从树林里飞来了，脚蹼里抓着一个黄茸茸的小团团儿。

白斑将小团团儿放在水里。

阿妞特卡仔细一看，原来是一只毛蓬蓬的小雏鸭，跟在白斑身旁游着。

"小鸭子孵出来了！"阿妞特卡欣喜地说，"现在白斑一定会把所有的小鸭都从树洞里送到这儿来。

果然如此，白斑耸身飞起，回到树林里去接其余的雏鸭。

阿妞特卡坐在灌木丛下，等着看下一幕。

一只乌鸦从树林里飞出来，一边飞，一面儿四处张望，看有没有什么可以给它当午饭的东西。它发现岸边的小黄雏鸭，就像箭一般迅速地朝雏鸭飞去。笃！笃！乌鸦照准雏鸭的脑袋啄了几下，把小鸭啄死后，撕成碎块，吃下了肚。

阿妞特卡急得目瞪口呆，都没想到呼喊。乌鸦又飞回树林，躲在一棵大树上。

白斑带着第二只雏鸭飞回来了。

它将第二只雏鸭放在水里，开始嘎嘎地叫着找那第一只，哪儿也没有。

它鼓翅飞起，又向树林方向飞去。

"哎呀，小傻瓜！"阿妞特卡想道，"乌鸦还会来吃你的小鸭的。"

她还没来得及想完，眼看白斑在空中绕了一圈，又从灌木丛后飞了出来，回到河边，往芦苇丛里一钻，躲藏了起来。

一分钟后，乌鸦从树林里飞出来，径直向雏鸭扑过去。

乌鸦用嘴啄了雏鸭一下，开始撕它的皮肉。

白斑从芦苇丛后冲出来，扑到乌鸦身上，咬住乌鸦的喉咙，把它往水底拖去。

两只鸟的四片翅膀在水面上旋转着，把河水搅得哗哗地响，水花向四面八方溅得老高！

阿妞特卡从灌木丛后跑出来看时，白斑正向树林里飞去；乌鸦已经断了气，漂在水面上。那天，阿妞特卡在河边呆了很久。她看见白斑是怎样把剩下的十只雏鸭陆续送到芦苇丛里来的。阿妞特卡终于放心了。她想："我不用再为白斑担心了，现在它已经学会自卫，也会保护自己的孩子，不让它们受欺负了。"

八月来临了。

从大清早起，猎人们就在河边放枪——打野鸭的季节开始了。

整整一天，阿妞特卡坐立不安，不知怎么办才好。她来来回回地想着野鸭。

"母鸭飞了起来。我瞧见它翅膀上有一个白东西，好象是扎着一块布。我觉得挺奇怪，一走神儿，就没打中。猎狗咬死了两只雏鸭。明天早晨，咱们还上那儿去，把母鸭子打死，一窝小鸭子就全是咱们的了！"

"好！咱们还上那儿去！"

阿妞特卡躺在干草堆里，听到这些人的话吓得半死，心想：

"还真是这样！打猎的如果发现了白斑和它的一窝小鸭。这可怎么办？"

阿妞特卡决定一夜不睡觉，第二天早上天刚蒙蒙亮，就跑到河边去。她走到堰堤上，心里想："我的鸭子以前就在这个地方游水，我为什么要把它放掉呢？"她望望水面，想不到一眼看见白斑正在水面上游着，八只小野鸭跟在它后面。

阿妞特卡喊道："鸭，鸭，鸭！"

白斑回答："瓦啊克！瓦啊克！"一边叫，一边径直朝她游过来。

猎人们正在河边打野鸭，而这只野鸭却带了一群雏鸭在磨坊附近游着。阿妞特卡捏碎一块面包，把面包屑扔在水里喂它们。

白斑就这样在阿妞特卡家用堰堤围成的水池里住了下来。

现在周围所有的猎人都认识白斑了。他们从来不伤害它，称它是阿妞特卡的鸭子。

追 踪

叶高尔卡在屋子里待了一整天，真闷得慌。他从窗口向外眺望，四周白皑皑一片，大雪把看林人的小木屋都掩埋了。

叶高尔卡知道森林里有一块空地。嗬，那地方十分美妙，不论你什么时候上那儿去，总会从脚底下飞出一群群的雷鸟。"嗖！嗖！"它们向四面八方飞散。你就开枪打吧！

雷鸟也许还算不了什么，那儿还有又大又肥的兔子呢！几天以前，叶高尔卡发现了一些脚印子，不知道是什么野兽的，跟狐狸脚印差不多，只是大爪子又长又直。要是能亲自追踪，看看它到底是什么珍奇野兽就好了！

那不是兔子，要是追踪成功了，连父亲都会赞不绝口的！叶高尔卡心急如焚，恨不得马上跑到森林里去！

父亲正在窗口补毡靴。

"爸爸，爸爸！"

"干什么？"

"让我到森林里去吧，我想去打雷鸟！"

"瞧你，天都快黑了，想出这么个主意！"

"爸爸，让我去吧！"叶高尔卡用可怜巴巴的腔调，拉长声音说。父亲默不作声，叶高尔卡紧张得喘不上气来，"哎呀，他准不让去！"

看林人不喜欢小伙子闲待着。为什么不让大小伙子出去活动活动筋骨呢？

"去就去吧，不过，要当心，黄昏以前一定得回来。要不然我可得严厉惩罚你，不仅没收你的火枪，还要用皮带抽你一顿。"

叶高尔卡已经14岁了，有自己的一支火枪，那是父亲从城里带回来的一支单筒猎枪，可以用它打飞禽和走兽。

父亲知道火枪是叶高尔卡最心爱的东西。如果吓唬他要没收火枪，那他保准百依百顺。

"我一会儿就回来。"叶高尔卡满口答应着。这时，他已经穿上了短皮外套，从钉子上摘下了火枪。

"是得早回来嘛！"父亲嘟嘟囔囔地说，"你瞧，一到夜里，周围尽是狼在嗥，你可得小心一点儿！"

叶高尔卡早已不在屋里了，他跑到门外，登上滑雪板，直奔森林而去。

看林人撂下毡靴，拿起斧头，又到板棚里去修理雪橇了。

天开始昏暗下来，看林人不再用斧头又锤又敲了。该吃晚饭了，可是儿子还没有回来。自己倒是听见了三次枪声，后来怎么就没有动静了？

又过了一会儿，看林人进屋去，捻起灯芯点上灯，从炉里拿出一罐粥。叶高尔卡还没回来，这小子跑哪儿去了？

看林人吃完粥，走到门廊，外面一片漆黑。仔细听听，什么也听不见。

森林黑黢黢地立在那里，连树枝都不发出一点儿断裂声。这么静呀，可是谁知道森林里会发生什么事情？

"嗷呜——呜！"看林人打了个寒噤，也许只是他自己觉得好像有这种声音。

从森林里又传来了"嗷呜——呜！"

果然如此，是狼！另一只狼接着嗥叫起来，然后第三只……整整的一群！看林人紧张得心一阵儿发紧，一定是那样，叶高尔卡被狼群跟上了。

"嗷呜——呜！"

看林人急忙跑进屋，再出来时，他手里拿着一支双筒猎枪。他把枪往肩上一搭，从枪筒里喷出火光。枪声响了。

狼叫得更响了。看林人在留神地倾听，叶高尔卡会不会在什么地方放枪回答他？"砰！"从林子里，从黑暗里果然传来一声微弱的枪响。

看林人跳起身，捅上枪，系上滑雪板，就向传来枪声的那个地方，飞快地滑去。

森林里简直黑得能叫人能哭出来！枞树枝抓他的衣服。戳他的脸，树木像一堵密密实实的墙，简直穿不过去。而狼群就在前面，在齐声嗥叫，"呜呜——嗷嗷呜呜呜呜……"

看林人停住脚步，又放了一枪。

除了传来的狼嚎，没有任何应答，情况不妙。

看林人穿过茂密的树木，继续向狼嚎的方向逼近。"既然狼还在嚎叫，那就说明……还没到他跟前。"这时狼嚎却一下子中止了，万籁俱寂。

看林人往前又走了几步，站住了。

放了一枪，又放了一枪，他细心地听了很久。

静到那种程度，连耳朵都觉得痛了。

往哪儿走呢？周围黑得要命，可是还得往前走，越走前面越黑。

他又放了几枪，又喊了一会儿，依然没有人回答。

他只好迈开步子，从树木间钻过去，猜测着自己该往哪儿走。

终于，他累得筋疲力尽，嗓子也喊哑了，他停在一个地方，不知道该往哪边走，也辨别不出家在何方。

他定睛仔细看看周围，好像树后有点儿亮光，也许那是狼的眼睛在闪烁放光。

他一直朝亮光走去，竟走出了森林。前面是一块空地，空地中间有一所小木屋。小窗子里亮着灯光。看林人简直不相信自己的眼睛了，那小木屋正是自己的家。

这么说，他摸黑在森林里绕了一个大圈？他走进院子里，又放了一枪。

没有回答。静悄悄的，狼也不嚎了，可能在分食猎获物。儿子一定没命了！

看林人甩下滑雪板，走进屋里，连皮袄也不脱，就这样坐在板凳上。他把头埋在两只手里，木然不动。桌子上的油灯冒了一阵黑烟，闪烁一下就熄灭了，看林人竟没有发觉。

小窗外的天色泛出朦胧的鱼肚白色。

看林人站起身来，他的模样变得很可怕。一夜之间他竟衰老了，背也驼了。他往怀里揣上一大块面包，拿起子弹和枪。走到院子里，天已经亮了。地上的雪闪着冷光。

雪地上印着叶高尔卡的滑雪板踏出的两道沟痕，从大门口开始向前延伸着。看林人细心地瞧了瞧，挥了一下手。"要是昨天夜里有月亮，也许我顺着滑板的痕迹就找到叶高尔卡了，哪怕去把尸骨拾回来呢！不过，也有可能他还活着（有那种情况呀）……"看林人绑好了滑雪板，顺着叶高尔卡的滑雪板的痕迹奔去。

沟痕向左拐，顺着林边往前。看林人沿滑雪板的沟痕飞快地滑着，一直用眼睛在雪地上寻找，一个脚印一个爪痕也不放过。他观看雪地就像阅读一本书似的。

在那本书上，记下了叶高尔卡昨夜遇到的一切事情。看林人看了雪地就全明白了，叶高尔卡经过哪里，干了些什么事情。

喏，小伙子沿着森林边缘跑过去了。在雪地上，印有纤细的十字形鸟趾印和尖尖的羽毛。这说明叶高尔卡惊起了一群喜鹊。喜鹊曾在这里捕鼠，因为周围到处是野鼠绕来绕去的爪痕。

在这里，叶高尔卡把一只在雪面冰凌上蹦跳的松鼠撵到树上去了。这是松鼠留下的足迹。松鼠的后脚长，脚印子也是长长的。当松鼠在地上跳的时候，它的后脚伸到前脚的前面。它的前脚又短又小，脚印子是一些小点点。

看林人已经知道了叶高尔卡把一只松鼠追到树上去了。松鼠被击中后，从树枝上掉了下来，落在雪地上。"小伙子打得够准的！"看林人想。

看林人又看出叶高尔卡在这儿捡起猎获物，然后继续向森林里走去。滑雪板的沟痕在林中绕了几圈，通向一块宽敞的空地。看来叶高尔卡曾经在那块空地上，用心地辨认一些兔子的痕迹。

兔子的脚印密密麻麻，又是兜圈又是耍滑头跳跃。不过，叶高尔卡最终没能看透兔子的诡计，滑雪板的沟痕从脚印上一直穿过去了。

喏，前面的积雪被掘松了，雪地上有鸟的趾印和一个烧坏了的填弹塞。这是雷鸟的痕迹，这儿曾经有一大群雷鸟，它们把身子埋在雪里睡觉。

雷鸟听见叶高尔卡的声音，受惊飞起。叶高尔卡放了一枪，有一只雷鸟"吧嗒"掉在地上。看得出，它在雪地上怎样挣扎了半天。哎，这猎人成长得还真够帅的，击中了正在飞的鸟！这样一个猎人连狼群都能打退的，不会白白地牺牲的。

看林人匆忙向前滑去，两条腿紧赶慢赶地飞跑着。滑雪板沟痕把看林人带到一棵灌木跟前就中断了，这是怎么回事？

叶高尔卡在灌木后面站住了，滑雪板在一个地方踩了半天，然后他弯下腰，把一只手伸到雪里，后来又往旁边跑去。

滑雪板的沟痕一直往前延伸了40来米，然后开始绕着走，嗬，这儿有野

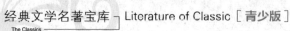

兽的爪印，跟狐狸爪印一样大，也有爪子……

这是什么怪兽？还从未见过这种爪印呢，脚掌不大，爪子却足有一俄寸长，跟钉子似的直溜溜的。雪地上有血迹，再往前这只兽改用三只脚爪。叶高尔卡肯定是将它的右前脚爪打伤了。

叶高尔卡绕着灌木追那只野兽。这种情况下，小伙子还能想到回家吗？猎人怎能丢下打伤的飞禽走兽？但那究竟是一只什么野兽呢？

它的爪子也太大太长了！要是它从灌木后面伸出这样的利爪，朝肚子一抓……小伙子还用得着它抓许多次吗？

滑雪板的沟痕越来越深入林中，穿过灌木丛，路过树墩子，绕过被风刮倒的大树。如果不是身手敏捷的猎人，很可能会撞在多节的树木上，把滑雪板折断哩！

唉，没有经验的小伙子！难道是为了节省弹药吗？在这块树根翻露在外的地方，找到野兽应该从这后面再补上一枪，把它打死它就没处逃了。

用手怎么能很快地捉住野兽？你向受伤的野兽伸一下手试试，就连一只受伤的田鼠，都不会让你用手捉它的！这只野兽看来还挺重，它在雪地上踩出的爪印，都是一些很深的小洞。

这是什么，下雪了吗？糟了，落雪将把痕迹掩埋，这时可怎么办呢？

得快一点儿！得快一点儿！

那只野兽的足迹在森林里兜着圈子，绕着弯儿。滑雪的人在后面追，看不到终点。雪却是越下越大。

前面出现透光的间隙，树木更显稀疏，树干也变得更粗。落雪将更快地把足迹掩埋，越来越看不清楚，越来越难辨认。

喏，好容易叶高尔卡在这儿追上了野兽！这块地方的积雪被踩结实了，积雪上有血迹和灰色的硬兽毛。

应该仔细瞧瞧兽毛，研究一下那是一只什么野兽。不过，这里的踪迹可有些不大对头……小伙子怎么两个膝盖朝下，跌在雪地上了……

前面是什么东西竖在那里？一根滑雪板，又一根滑雪板！雪地上有窄窄的深坑，叶高尔卡准是一跑一陷……

忽然……前面……左边……右边……横下里，到处是大步奔跑的爪印，很像狗的爪印。

是狼！该死的狼，追上了叶高尔卡！看林人站住了，他右脚的滑雪板撞在一件硬东西上。

看林人仔细一看，是叶高尔卡的单筒猎枪扔在地上。原来如此，小伙子拼命掐住了那只野兽的脖子，火枪也从手里掉了下去，就在这时，狼群赶上了他……完了，看林人望望前面，哪怕拾一片撕碎的衣服回去呢！

树后好像有个灰色的影子一晃，紧跟着从那里发出闷声闷气的咆哮声和吠叫声，就好像有两只狗在打架似的。看林人挺直腰板，从肩上摘下枪，向前冲去。

大象演员

狗数学家坐在桌前，做加减乘除的习题。狗猎师掮着枪，背着猎囊，用两条腿走路，还牵着一条极小极小的小狗——小猎狗。几只狗骑在一匹鬃毛蓬松的小马背上，奔驰着。

一只猫和几只大老鼠在一起演一出滑稽戏，它与它们和平共处。

一群皮毛光滑、动作活泼的海象在抛球玩。

一只高大的袋鼠正在和人斗拳。

这是怎么回事？是童话中的场面，还是在做梦？

都不是。

这是马戏团里的情况。驯兽师杜洛夫在指挥他那些四条腿的朋友表演节目。

杜洛夫对他那些动物演员说话的时候，声音又友好又安详。所有的动物演员——从极小的袖珍小狗到行动笨拙的马格斯，都高高兴兴、心甘情愿地听从他的指挥。

马格斯是一头母象。

杜洛夫刚得到马格斯的时候，它还是一头没受过教育的、野性难驯的九岁小象。

现在马格斯已经完全长大了。它学会了像坐椅子似的坐在台座上。它还会一边吹口琴，一边跳舞。也会在乐队的伴奏下跳华尔兹舞。它是个很出色的演员，能用长鼻子卷起一把巨大的刮脸刀，表演一出刮胡子戏——像个真正的理发师哩！随后，再给它往头上戴一顶红制帽，腰里别一个手枪皮套，脖子上挂一只哨子，扮作民警的马格斯就走上台来了。

它把不听话的小马驹送回家。

但马格斯最拿手的好戏，还是压轴那一出。它一上台，就像个骑士一样屈膝跪在它主人面前，主人穿了浑身上下银光闪闪的衣服，向它走过来。这只庞然大兽，竟温存地用长鼻子，将全身发光的主人卷起，举到空中，在观众热烈的鼓掌声中，态度庄严地捧着主人走下台。

马格斯的这些本事，都是杜洛夫教会的。教的时候，杜洛夫连一下也没有打过它。

马格斯最要好的朋友，是漂亮的骆驼叶卡切丽娜。

音乐停了，华尔兹舞也结束了。马格斯和叶卡切丽娜走到台边，屈起后腿，坐下休息。

马格斯寂寞了

马格斯与叶卡切丽娜要好得难舍难分。因此，当驯兽师带着动物演员们转移到另一座城市时，大象和骆驼总是一块儿走。

有一次，杜洛夫带着所有的四条腿演员，来到莫洛托夫市。马格斯从火车上被牵下来，送到马戏团，放在兽槛里。叶卡切丽娜没来得及当天下火车，在车上待了一宿，第二天才到马戏院去。

杜洛夫在旅馆里过夜。

第二天早晨，杜洛夫到马戏团去时，看见马路上围了一群男孩子。大象马格斯站在人群中，兴致勃勃地挥舞着长鼻子。

原来，马格斯离开了叶卡切丽娜，感到非常寂寞。

它无事可做，实在闷得慌，就连夜拆起兽槛的木头栅栏来。它把木板堆成一堆，接着又用长鼻子推倒下半截砖墙，然后从兽槛里走了出来。

从此，只要把马格斯和骆驼叶卡切丽娜一分开，马格斯就好像要发狂似的。它用长鼻子把兽槛和大门拆个乱七八槽。足有一普特重的大脚板踩得山响，把地板都踩塌了。它离开好朋友叶卡切丽娜，简直活不下去了。

马格斯是个淘气包

它体重一百五十普特，换句话说，差不多有两千五百公斤，这等于五十个人堆在一起那么重。难怪它淘气时开的玩笑分量也不轻哩！

在斯维德洛甫斯克演出的时候，杜洛夫带马格斯到小河边去洗澡。马格斯一下水，立刻觉得很自由，心花怒放，快活极了。

马格斯把长鼻子伸进水里，在河底上摸索了一阵子，朝人们望望，然后举起长鼻子，拼命向他们一喷！

好家伙！这可怎么啦！沙子像落雨似的，小石子像下雹子似的，撒得岸边的人满头满身。惊得人们四散奔逃。

怎么办呢？怎么管这个大淘气？沙子、石子加上大石块劈头盖脸地打过来，怎能走到它跟前去！

但是，杜洛夫拿定了主意。

他很勇敢地走下水去。

石头呼啸着从他身边擦过，每一块石头都可能打破他的头。杜洛夫却绕到顽皮的马格斯后面，一把揪住它的大蒲扇耳朵。

象的力气比人大一千倍。象使劲一甩长鼻子，就能将人劈成两半，跟折断一根轻飘飘的芦苇一样。象也能轻而易举地用脚把人踩个稀巴烂儿，跟大马踩死蟑螂一样。但是象也可能像小孩子一样服从勇敢无畏的人。

马格斯感觉出揪它耳朵的那个人是主人，立刻显得很害怕，老老实实垂下了它那致命的长鼻子。

杜洛夫就这样揪着马格斯的大耳朵，把它拉到岸边。于是，这头庞然大物面带愧色，乖乖地被主人牵回兽槛里去了。

马格斯跟画家打交道

马格斯很好奇。嗨！别提它有多么好奇了！你走到它旁边去时，它会马上把长鼻子伸进你的衣服口袋里去找一找，看有没有什么好吃的东西？对于什么它都要用长鼻子探一探，摸一摸，再尝一尝。

一位画家到列宁格勒来给马格斯画像。兽槛里很暖和。画家脱下皮外套。

这时，他忽然需要使用橡皮。他那块橡皮就放在皮外套口袋里。

画家转过身子，把手向墙上伸去，哪知他发现，皮外套不翼而飞了。

"来人哪！"画家大叫起来，"捉贼呀！闹贼啦！"

杜洛夫手下的职工们听见喊叫声，急忙跑过来。

"快堵上所有的门！"画家嚷道，"贼把我的皮外套偷走了！"

"画家，请等一等！"一个职工说，"瞧！那不是您的皮外套吗？！马格斯用嘴叼着哪！马格斯！你这坏小子！真不害羞！快给我外套！"

这节骨眼儿，"小偷"正准备大嚼这软乎乎的皮玩意哩！当它看到它的鬼把戏已经被人戳穿，它只好用长鼻子把皮外套从自己嘴里卷出来，交给主人。

大伙儿劝了半天儿，好容易才劝得画家不生气了。

大象和老鼠

马格斯常常从参观者的头上摘下各种帽子，塞在自己嘴里咬几口尝尝。

有一天，它从一位公子哥儿手里夺过来一根贵重的手杖。这根手杖是青檀木做的，整个镶着银。只一秒钟工夫，马格斯就把手杖折成两段，但是，如果有谁把象激怒了，侵犯了它，那可不是闹着玩儿的。

在那种情况下，就是最凶猛的野兽也甭想能打过它。

不过，奇怪的是：所有的象都害怕弱小的小动物。象竟会害怕连猫都很容易征服的弱小动物。

象怕老鼠。

假使有一只老鼠钻进兽槛，那马格斯说什么也不肯卧下睡觉了。

它就那样站着打盹。哪怕得站一个月呢，它也这样熬着。这当然对它的健康很有害。象只要用大耳朵一扇，就能将小老鼠打死。不过，这种事情并非是由力量来决定的。

当你看见象的时候，请你注意一下它的脚。它的脚像柱子似的。脚的前部成蹄形，像趾甲一样。印度象的前脚蹄子分五瓣，后脚蹄子分四瓣。

那还的确是趾甲或爪子。象还有脚趾头呢：前脚有五个趾头，后脚有四个趾头。象的趾头隐藏在里面的皮底下，从外头看不见。

象脚从上到下覆着一层很结实的厚皮，只有趾头之间脚心上的皮又嫩又薄。

因此，大象怕小小的啮齿类动物老鼠。

马格斯的消遣

马格斯非常听主人的话。有一天，主人把马格斯牵到兽槛里，把它放在骆驼叶卡切丽娜旁边，吩咐道：

"你老老实实在这儿待着！"

马格斯就在那儿待着。

假使它想拆掉木栅栏，或者捣破兽槛的门，那真是不费吹灰之力。那样，它就可以在马戏院里到处游逛，爬到地势高一些、没有老鼠的地方去。

老鼠实在讨厌。兽槛里有的是老鼠，眼看着它们在脚跟前窜来窜去，哎呀呀，讨厌死了！……

可是主人吩咐过：

"你老老实实在这儿待着！"

马格斯只好在那儿站着不动，它在那个地方站了一夜。

兽槛里别的动物多么好。它们都不怕小啮齿类动物；它们都躺下睡觉了，听不见地板底下的吱吱叫声。

管理员也挺舒服，隔着墙就能听见他在墙那边打鼾的声音。

它什么也没有想，只是站在那儿发闷。它实在闷得难受，就开始研究周围的东西，看有没有什么可以供它消遣的？

这是一道木板围墙，主人禁止破坏围墙。这是锁头，象鼻子的尖端像敏感细致的手指头似的，马格斯用鼻尖摸了摸冰凉的铁锁头，觉得很不舒服。不好，没有意思……

墙上也没什么有意思的东西——那是一面光光的潮湿的墙。

墙根底下的地板上，那是什么呢？好像也是一件冷冰冰的叫鼻子感到不舒服的东西。不过，它可真长，真大呀！里面还发出一种响声哩！

这倒挺有意思！

应该用长鼻子探探它，试试看……

马格斯干脆不睡了，它给自己找到了消遣的办法。

所有的动物演员都睡着了。

从墙那边传来管理员的鼾声。

兽槛里发出了惊天动地的响声，把管理员吵醒了。那个声音真奇怪。

又是犬吠，又是猫叫，怒吼、咆哮、吱吱声、尖叫声、噗噗声、咳嗽声，还有一种叫人听了很难受的、很响的呱唧呱唧声。

管理员忙不迭跳下床，想不到"扑通"一声，两脚落在水里。这地上哪儿来的水呢？

难道说莫斯科河发大水，把城里淹了？

可是现在正是隆冬。

必须快一点儿叫醒所有的人，赶紧去救动物演员们！

管理员是个手脚麻利的人。半分钟后，他已经发出警报，并且跑进兽槛里去察看了。

好家伙！那里发生了什么事情呀！地板上积存了很深的水。身材巨大的袋鼠跳到笼子角落里一只高木箱上，浑身抖作一团。骆驼叶卡切丽娜不住地呻吟，打响鼻，急得往墙上乱爬。五十只狗在围墙那一边齐声哀嗥。

这场骚扰的肇事者——马格斯，它却心安理得地站在没膝深的水里，美滋滋地用长鼻子吸水往自己的背上浇。

原来，马格斯因为太闷得慌，就用长鼻子折断了安装在兽槛墙边地板上的自来水管，自来水像喷泉似的从管子里喷射出来，把地板淹了。可怕的老鼠也都逃光了。马格斯高兴极了。

管理员们费了九牛二虎之力，才止住了喷流的自来水，总算没有把所有的兽槛和动物演员们都淹没。

和马戏院经理谈判

这是很久以前发生在一座南方城市里的事情。那个时期，市场供应很困难，面包与其他食品都得凭卡片购买。想喂饱这一大群动物，真是难事儿。因此，杜洛夫和马戏院经理签订了合同，协议由马戏院供给全体动物演

员饲料。

　　经理每天在一张食品单上签字，然后由杜洛夫手下的职工拿着这张证明到合作社去，领取喂四条腿演员用的面包、蔬菜和鱼肉。那些演员的食欲特别好。光马格斯自己，每天就要吃二十七公斤白面包和一大堆蔬菜。

　　有一天，马戏院经理（他是一个偶然担任这个职务的人）忽然毁约，拒绝继续供给动物演员饲料。

　　杜洛夫知道后，急得不得了。他立刻去找经理，想亲自和他谈谈。

　　马戏院经理的办公室，在一所石头房子的二楼上，杜洛夫心急火燎地跑上宽阔的大理石楼梯，像炸弹似的冲进办公室。

　　"请您马上在我的演员的饲料供应单上签字！"他向坐在桌前的一个大胖子高声喊道："依合同，您应该这样做。"

　　"我根本不打算这样做。"大胖子回答，他正是马戏院经理，"我现在准备毁掉合同，付给你们违约罚金。你们自己用这笔钱去买饲料喂你们的野兽吧！"

　　"可是，您要知道，"杜洛夫越发激动了，"问题不在于钱，而在于签字！"

　　杜洛夫隔着办公桌，把一张纸递给经理。

　　"我不签字！"经理说。

　　"不行，您得签字！您不签字不行！"

　　"不签！我不签字！"

　　"不行，您得签字！"

　　坐在周围的职工们个个从办公桌上抬起头，朝这边看，还有几个好奇心强的人，从半开的门里探进头来张望。大家都想知道，杜洛夫和胖经理的这场争执，会有什么样的结果。

　　"我告诉您，您必须签字！"杜洛夫喊道。

　　说到这里，他忽然把伸到办公桌那边的手缩了回来，他把饲料单往衣服口袋里一塞，就走出办公室。

　　"这样才对，他回心转意了。"经理满意地说。他知道自己的做法太理亏，因此很高兴，杜洛夫不再责备他了。

　　"大概没有我的证明，他也有办法解决问题了。"经理自安自慰地补充了一句。

"你们这是干什么？"他出其不意地向职工们大喝一声。

一张张面孔又重新对着办公桌，好奇的脑袋也从门缝里消失了。关上了门。

大约有半小时光景，在办公室里只能听见打字机细碎的敲击声。"嗵！"静一会儿。"嗵！"又静一会儿。"嗵！"

"我说，"经理向一个职工说，"您去看看，谁在上楼梯？"

一个职工从椅子上跳起来就往外跑。但是在这节骨眼儿，门自己敞开了，把他惊了个目瞪口呆。只见从门背后露出一条身躯柔软的灰色蟒蛇，紧跟着出现一个有两只大蒲扇耳朵的大脑袋——原来是有一个蛇长般的鼻子的大象头。

"嗵！"半个巨大的象身子挤进门里来了。

"来……唉唉！……"胖经理说。他想嚷"来人呀！"可是舌头不听使唤了，声音也变得跟老鸦一样沙哑。

从办公桌后跑出来，又愣住的那个职工，忽然变得动作非常敏捷，飞似的逃到墙角里，钻到一把椅子底下。

"嗵！"又是一声"嗵！"于是整个大象站在办公室里了。神色泰然自若的杜洛夫跟在后面。"来……唉唉！……"胖经理又嚷了一声，他的舌头还是不听使唤。象又向前迈了一步。它那个重甸甸的大脑袋瓜儿伸到胖经理的办公桌上了。

"干，干……干什么？"胖经理费了很大劲，才前言不接后语地说出这么一句话，"你，你们，要，要，要干什么？"

杜洛夫走到前面，站在象旁边。

"马格斯！"他平静地说，"告诉经理先生，我们要求他干什么。拿着！"

马格斯听见这两个字，就把长鼻子伸过去，从杜洛夫手里接过一张纸来，隔着办公桌递给经理，完全像不久前杜洛夫自己做的那样。

"快，快把这畜牲弄走！"胖经理用一种破碎的声音说，"请，请快把它弄走，符，符拉吉米尔·格利高里也维奇！"

"您不在饲料单上签字，马格斯就不走。"杜洛夫态度坚决地说。

马格斯把长鼻子伸到胖经理的头前，使劲一喷，马上胖经理秃头顶上的几根头发就竖了起来。

胖经理吓得闭上了眼睛，但是他马上又睁开了眼睛，因为他觉出，象鼻子正探进他外衣的上口袋里找什么。

"马格斯希望能在您的口袋里找到一只小苹果。"杜洛夫解释道，"它最爱吃苹果，一顿能吃两普特。好啦，快签字吧！马格斯在等您签字哪！"

胖经理抓起钢笔，哆哩哆嗦地在饲料单上写下自己的名字。

从所有的办公桌后面，从半掩着的门外，甚至从墙角里那把椅子底下，都发出笑声。

"谢谢您！"杜洛夫彬彬有礼地说。"现在我相信您不会再拒绝供给我们食物了。马格斯，咱们可以走了。"

大象于是慢慢吞吞地转过身子（办公室里的空地方刚够它转身子用），乖乖地跟在主人后面走了出去。

就这样，杜洛夫的四条腿演员们才没有挨饿。

小鹊鸭和它的三个世界

怎么？你们不记得，自己是怎么来到这个世界上的吗？这可太奇怪了！我可是记得清清楚楚的！

睁开眼睛，周围一片漆黑，湿漉漉的。

我想跳起来，可是上面有什么东西挡着我。

"真没想到！"我想，"我竟然生在这么小的世界里，要蜷缩成一团才能容得下身。"

我很生气——"咚咚咚！"用嘴巴使劲敲着墙——"咚咚咚！"

于是，墙破了一个洞，接着整块掉下来了，从有棱角的窟窿中透进了让眼睛舒服的光线，不太亮，也不太刺眼。我高兴地"唧唧"起来，因为，是我自己迎来了拂晓。

突然，有个东西挡住了我，我很害怕，又钻回洞里，钻回自己小小的狭窄世界，全身都蜷缩起来并安静下来，就好像没出世时一样。

这时，一张嘴探进了洞里。呀！这张嘴简直令人赞叹，大大的，很光滑，唇边还有一层闪着黑光的突起，就像金盏草一样。总之，和我一模一样，只是比我大得多。

"妈妈！"我用尽全力大喊一声。我自己也不明白，怎么一下子就认出了它！还不由自主地冲向它，我那脆弱小世界的墙"轰隆"一下，倒塌了。我挺直身子站起来，头上还顶着壳，像戴着一顶帽子一样。原来，我是在蛋里出生的呀！我的妈妈是鸭子，而我是一只小鸭子。

"欢迎！"妈妈"嘎——嘎——嘎"地叫着，它的嗓音嘶哑，"你是我的头生儿。"

我不知不觉来到的这个世界，不是太大，而且很暗。它被圆形的向外倾斜的墙圈着，地面上到处撒满了柔软的碎屑，成堆的羽毛和茸毛。羽毛上面放着十二只灰绿色的蛋，这些蛋和我刚刚爬出来的那颗是一样的。

妈妈一边用嘴把它们翻来翻去，一边说："嗯，还有一个，不要急，不要急，现在我就帮你。瞧，又出来一只，嗨！你好！"

还不到一个小时，所有的小弟弟和小妹妹都出生了。当我们还是雏鸟，还待在蛋壳里的时候，我们的嘴上都有一个硬结，叫作卵齿，用它捣毁蛋壳很方便。不过，等我们一从蛋壳里出来，就把它丢掉了。

我们出生的这个小世界，对我们来说已经很狭窄了。我们搬到了另一个世界——也不是太宽敞，就是我们位于树里的巢穴。这里仍旧很暗，巢外面仍然围着圆形的墙，就像是一个管子一样，巢上面有一个小窗户，从那里，有几缕阳光洒了进来。

突然从窗子外传来了人类的声音。

"喂，格里沙，瞧！山杨树上有个洞。"

"是啊，"另一个声音回答道，"这个空树洞里，不是小枭（xiāo），就是猫头鹰。只可惜，太高了，得有十二米高。明天我们带上脚扣再来，看看是谁住在那儿。"

我们这些小鸭子，虽然不知道"脚扣"就是那种人用来爬上柱子和树干的铁具，却已经吓得快要死了。但是，妈妈安慰我们说："人类说的是'明天'。你们都快爬到我的翅膀下，将自己的羽毛烘干、润滑。等明天天一亮，我们就搬到第三个地方，那里是十分宽敞的世界，人类捉不到我们，因为我们将生活在水上了。"

"什么是'水'呀？"我好奇地问。

"等你长大了，就会知道很多事情了，"妈妈说，"你现在就要快点长个，长得壮壮实实的。"

我不太明白，问妈妈："如果什么都不知道，一点智慧都没有，我怎么能变强壮呢？"

这个问题，让妈妈很难回答。

我们都钻到妈妈的翅膀下，它把我们大家抱在一起，努力地帮我们把羽毛烘干。奇怪的是，这一切安排得十分巧妙。在我们尾巴上方的背上，有一块柔软的凸起，用嘴一压，就会压出一些润滑羽毛的油脂。妈妈说："鸭子必须用油润滑羽毛。这样，才可以避免在那种神秘的——我们明天就将见到的'水'中浸湿。"

我们在妈妈的翅膀下过了一夜，天一亮，就醒了过来。妈妈沿着树洞向上爬去。它遮住了小窗户，瞬间，我们的世界又变得漆黑一片，突然，光线又从小窗中透了进来，可是，妈妈已经不和我们在一块儿了。

突然远远地传来了妈妈嘶哑的声音："孩子——孩子——们！"

我们大家唧唧叫着，向墙上扑着，往上爬去，我们用爪子抓住墙壁，用自己小小的、硬硬的小尾巴支撑身体。第一个爬上窗户的，当然是我。

天啊！我看见了什么呀！

绿色，绿色，绿色！周围一片绿色，在绿色之中，长着笔直的树干。我甚至不得不眯起双眼，因为，那些树叶在阳光下闪着耀眼的光芒。但我又睁开眼睛，向下看去。那里！远远的地上，站着我们的妈妈——鹊鸭，她正冲我们喊着："快过来，快过来！"

可是，我们还没有翅膀呀，这小小的翅膀尖能飞下去吗？我们会摔伤呀！

但是，两个兄弟已经爬到窗户上来了。我还没来得及弄明白，就被撞了下来。

我吓得唧唧大叫，从恐怖的高空翻着跟头摔下了深渊……

我的兄弟们把我从恐怖的高空撞了下来，我飞速地坠入深渊。但没想到，竟然毫发无损。我撞到地面上，像小球一样弹了起来，又翻了个跟头，一看，竟站在地上。原来，鸭子的羽毛很密实，而我们的身体又很轻盈，因此，能从任何高度像小球一样落下来。

我的兄弟姐妹们也跟着我顺利地着陆了。

"嗯，都是好样的！"妈妈说，"现在跟我走吧。"

"这就是我们即将要生活在的那个和平世界？"我问。

"傻孩子！这不是和平，最多只是休战。最危险的是巢穴与和平世界之间的这段地方。"

"破地方！"我唧唧地叫着，"太硬了，我的爪子都被弄疼了……"

"一个坏世界总好过善意的争吵！"妈妈教导我说。

我早就注意到，她经常喜欢使用人类的俗语，经常在不合时宜的情况下说出来。

"和谁也不要争吵，而是要注意自己的行为！"妈妈一边说，一边摇摆着向前走去，我们一个接一个地跟着它。当然，我是第一个。

我们的脚下全都是植物的根，我们的脚一会儿踏到苔藓上，一会儿踩到高高的草上。脚趾之间的嫩蹼被竖起的针叶和尖树枝扎得特别疼。妈妈走得并不快，可我们还是小跑着才能不落下。一会儿绊住了，一会儿又摔倒了，急急忙忙地追着她。

突然，妈妈停下来，悄悄地对我们说："都藏起来，别出声！"她自己则躲到灌木丛后，我们也藏到杂草中。接着，我们听到了一阵金属碰撞的声音。

森林里，走出两个人，他们一边走一边交谈，手上还拎着一只可怕的大铁爪。

"大概，树洞里有个巢，"一个人说道，"如果是蛋的话，我们就可以煎着吃，如果是小鸟，就把它们烤着吃。"

他们快步地向灌木丛深处走去，而那正好是我们刚刚路过的地方。

"去找吧！找吧！"妈妈一边嘎嘎地叫着，一边跳起身来。

我们又跟着她跑起来，不久，我们就走到洒满阳光的草地上，草地中间有块石头。一只绿色的、细长的小怪兽正在那儿晒着太阳。它看了我们一眼，就摇了摇尾巴，张开弯弯曲曲的爪子，溜进了石头底下。我害怕得不得了，妈妈告诉我："这是蜥蜴，正在晒太阳呢，它怕我们。我们得注意那些没有腿的爬行动物，比如蛇，因为它们当中有些是有毒的。而这些长腿的，用不着害怕。"

接着，突然从灌木丛后蹿出一只灰色的怪兽。个子很大，比妈妈要大得多，它竖着耳朵，可怕极了。我们都停下来了，简直不知道要去哪儿躲。它挺直身体站了起来，晃荡着细细的前爪，一只眼睛斜视着我们。

"睡个好觉都不让！"它生气地像个孩子一般尖叫一声，然后又躺进了自己的树丛里。

我们继续走，妈妈告诉我："那是只兔子，它们不吃鸭子。"

"它是兔宝宝吗？"我问妈妈，"它一片羽毛都没长呀，只长着绒毛。"

妈妈给我解释："在动物世界里，只有我们鸟类，才穿着羽毛做成的漂亮的、轻盈的连衣裙。别的动物则千奇百怪。有的像兔子，一辈子都长着绒毛，也有的像人类一样，给赤裸的身体穿点东西，另外还有其它样子的呢。"

在我们眼前的草丛中，飞起了一只黄色的鸟，只比妈妈大一点，小小的脑袋、尖尖的嘴、红红的眉毛。

"你好，琴鸡妹妹，"妈妈礼貌地打招呼，"瞧，这就是我孵出的小鸭，你看它们多可爱，圆圆的、毛茸茸的小家伙，还那么聪明，学走路学得多好。"

"啊哈，别逗了，"红眉琴鸡说，"还是看看我的小鸡崽儿吧，它们已经会跑了，你们这群小瘸子，算什么呀？"

这时，从地下一下子冒出九只黄色的红眉毛小琴鸡。它们一边唧唧唧地叫，一边蹬着细细的直腿跳了过来。

我非常讨厌琴鸡阿姨叫我们瘸子，于是，我照着一只小鸡的胸撞了上去。它跳开了，我却踩到自己的脚，嘴也撞到了地上。

所有黄色的小鸡向我们猛扑过来。它们跳着，一下一下地啄着我们，把我们全都推倒了。妈妈气得"嘎——嘎——嘎"地大叫，红眉琴鸡也怒气冲冲地"咕咕"地叫着，乱了，全乱了，到处都是"嘎嘎"和"啾啾"的声音！

妈妈把我们从地上扶起来。

"你们不觉得羞愧吗？"妈妈一边骂着我们，一边领着我们走了。

我们确实感到羞愧，九只小琴鸡把我们十三只鸭子打败了，并且还追着我们喊："嘿嘿，瘸子们，矮子们，湿尾巴的家伙！"全都是侮辱人的话。

这时候，周围的树木越来越稀疏，天也逐渐亮了起来，在我们的前面，出现了一个巨大的、异常美丽的世界，让我心潮澎湃。那片蓝蓝的世界就在断崖下面，与蔚蓝色的、高高的天空交相辉映，就像一个巨大的天蓝色的蛋。

"这就是水，这就是湖，"妈妈说，"这就是我们即将生活的地方。"

她展开翅膀，在湖面上飞了一大圈后，在我们面前的水中落了下来，她抖了抖身上的水珠，高兴地对我们喊道："快跳到这儿来！"

于是，我们十三只小鸭子，勇敢地从高高的断崖上，一个跟头翻进了天蓝色的湖里，我当然还是第一个。我还没来得及体会，就一头扎进了这片柔软的、温暖的、让人心旷神怡的湖水中。在我周围，是啾啾地叫喊着的弟弟妹妹们。

"小心呀！"突然，妈妈绝望地大喊起来，之后就消失得无影无踪了。一只目露凶光，长着贪婪的钩形嘴的大鸟向我们扑了过来。

我们这群无助的小鸭子该怎么办呢？在这平静开阔的水面上，哪里是我们的藏身之所呀……

恐怖的猛禽就在我们头上，而我们正毫无遮掩地浮在水面上——无处可逃。

可是您知道这时发生了什么吗？我们所有的小鸭子，都像我们的妈妈那样消失了。真是难以想象：我们可是第一次跳进湖里呀，甚至还不是很清楚，什么是水，却已经会利用它成功地摆脱危险了。

我们潜了下去。虽然，我们轻得像木塞一样，但水却不能把我们推出去。我们的脚蹼在水下滑动，就像鱼儿在水里游泳一样。

那只可怕的猛禽看不见我们，只好飞走了。一分钟后，我们全都浮出水面。妈妈快速向茂密的蔗草丛中游去，我们紧紧地跟在她后面。游泳这项技术，我们根本不用学，和潜水一样，都是天生的本领。好了，现在我们终于来到了自己的故乡，在这里，你会感觉一切都是那么自由自在。

在肥硕的、光秃秃的，还带着小疙瘩的芦苇丛上方，生长着一片矮小的树林。远处，一条小河注入湖中，在小河对面，分布着许多小岛。小岛周围

长满了一丛一丛的多叶芦苇和一些高大的褐色蒲草。

由于它们的存在，我们林中的湖里生活着许多禽类家族：这些绿色的灌木丛对我们来说是最好的避难所。在蔗草、芦苇、蒲草上生长着蜻蜓的幼虫、肥水虫和其它一些昆虫，它们是我们的美味食品。现在，已经不太害怕那只在第一天恐吓我们的猛禽了。

妈妈告诉我们，这种猛禽叫做褐鹞。这种褐色的大鸟，每天都会挥舞着长长的翅膀，在蔗草上方盘旋三次，偷偷地观察，看是否有粗心大意的鸭子。有时候，就连成鸟也不放过。一旦被它发现，它就"嗖"的一声扑过去，一把抓住。但如果你一直保持警惕，那就总能来得及摆脱它，要么潜入水中，要么藏在垂到水面上的柳枝下。除它之外，每天光临我们湖泊的，还有一些长着三角形尾巴的黑鹰，不过，它对被浪花推走的尸体——死鱼和死青蛙更感兴趣。而那种浅色的、样子令人生畏的鱼鹰，却从来不会攻击我们，它只捕活鱼。其他所有绿丛中的居民，就都是我们的朋友了。

每天我们都结识新的家族，并且一起度过了快乐的时光。我们已经知道，我们是潜水鸟，人们都叫我们鹊鸭，只是现在还没有长大，所以只能叫做鹊鸭宝宝。在我们旁边居住着红头潜鸟，和两只黑冠毛的雏鸟。

我们很快都学会了自己猎食，所有的小虾、幼小的鱼和蜉蝣都是我们的目标，我们能潜到湖底追上它们。至于那些小潜鸟，大个的绿头鸭，它们是不会潜水的，只能把头伸进水下，喝点浑水，将水中的食物，用嘴过滤一下，咽下去。小潜鸟在那条小河和它对面的小岛上生活。

在岸上，常常有一群长嘴长腿的鹬（yù）跑来跑去，有时，还能看见沼泽鸡。这些沼泽鸡的孩子，样子像是圆圆的小球，行动起来非常敏捷。其实，沼泽鸡和陆地上野鸡——琴鸡、花尾榛鸡、沙鸡一样，并不是真正的鸡。我们再次与真正的森林鸡遭遇纯属偶然。

这时，我经常会和弟弟妹妹们分开单独行动，而它们还要和妈妈一起游泳呢。有一次，我游到一个地方，那里森林与湖泊相接，突然听到，好像有谁在叫我："你好啊！湿尾巴的家伙！"

原来，是那个在我未到湖泊之前，和我打架的红眉琴鸡。琴鸡妈妈竟然这么粗心，将自己的孩子们领到水边来了。

我没有立刻认出这个曾经欺负过我的家伙，它也长大了。甚至长出了两个小翅膀。它们已经能呼扇着翅膀，飞到灌木丛中低一点的树枝上了。让我奇怪的是，它竟然认出了我，要知道，我们所有的雏鸟，可不是按天长大呀，而是每个小时都在变化。我已经成为了小鹊鸭，当我们长出羽毛，拼尽全力试图从水面上飞起时，我们就已经叫作鹊鸭了，虽然我还没长成熟。

我还没有来得及回应红眉小琴鸡，它却已经走到断崖的边上了。在它脚下，沙子簌簌而下，小琴鸡绝望地拍打着翅膀，直坠下来。掉进我旁边的水里。总算能报复它一下了，小琴鸡在水里，要比我们鸭子在岸上更糟糕！可是，我们是鸟类，从来都不报复的。琴鸡妈妈从森林里跑出来，绝望地"咕咕"大叫，但它也不能挽救自己的孩子，要知道，成年的琴鸡也是不会游泳的呀！然而没有被油润滑过的小琴鸡的羽毛已经湿透了。风从岸上吹来，小琴鸡无助地张开了翅膀，被吹到了湖中央，在那里，死亡正等待着它。

可就在这时，我扑向了它，用嘴将它向岸边拖来，没过一会儿，它已经快到沙滩上了，它急忙跳了起来，向岸上跑去，"扑"地一下栽倒在地，一点儿力量都没有了。这时，我当然可以向它说一些令人难堪的话，比如"落汤鸡、落汤鸡"。可它已经那么倒霉了，我自然也就不忍心了。琴鸡妈妈喜极而泣，我也很高兴，帮着它逃脱了灾难。

但这不是真正的灾难，至少很容易就躲过去了。在我遇到小琴鸡的三天后，我们的湖上才真正发生了一起闻所未闻的灾难。我很多活泼的同伴和弟弟妹妹都死掉了，只有少数幸免于难。

我答应过，要给你们讲那起湖上的大灾难，那就听我说吧！

人类常常窥视我们森林中的世界，他们大多都是些小孩子——小男孩和小姑娘。他们脱下衣服，跑到水里，通常是不长芦苇的地方，尖叫着互相泼水。他们没招惹我们，我们就把他们当作了好人。我从一只老鸭子那里得知，手里拿着枪的才是猎人。他们的手里有一种巨雷和闪电，要是我们没有及时藏起来，他们就会向我们射击。这只鸭子还对我讲，不久之前，来了两个年轻人，他们搜遍了整个湖岸，捣毁了许多鸭巢。要知道，我们鹊鸭经常把巢建在森林的树洞里，而其他鸭子都在地上筑巢，尽量离水近一些。正巧，那时候所有的鹊鸭都在孵蛋，那两个人就抢走了许多蛋。

我想，既然我们已经出壳了，又会游泳和潜水，那么现在他们也不能把我们怎么样了。

但是，有一天，在距离我们很远的湖的另一端，传来了狗叫声。当时我一个人游泳，没有和妈妈在一起，也不明白，为什么那些潜鸟会那样慌张。潜鸟是一种黑白色相间的水鸟，一些人把它们当成是鸭子，实际上它们连我们的亲戚都算不上。不然，你就看看它们那直直的尖尖的嘴巴，还有几乎从尾巴长出来的腿，就会相信我说的了。它们没有蹼，却长着某种凸起的皮垫，它们以鱼为生。在我们的大湖上一共就生活了一对潜鸟，它们有两只小潜鸟，也藏在芦苇丛里。

当狗叫声刚刚传来的时候，两只潜鸟就将小潜鸟放到了背上，和它们一起潜到水里。我们的鸭妈妈却不会这样，我们也从来没爬到过它的背上。而潜鸟则带着自己的孩子潜入水中，和它们一起在水下飞去它们想去的地方。对，对，就是飞，因为它们在水里也能自由地挥动翅膀，就像在空中一样。

潜鸟带着自己的孩子，几乎潜到了湖中央。那时，我就应该想到，聪明的鸟害怕留在岸边，可我一点反应都没有。这些年轻人就是上次来的那两个，不同的是，这次他们还带了一只狗。小伙子在岸边走，狗却刨着水，游到芦苇丛里，逮到了一只小鸭子，叼给主人。当它接近我藏着的地方时，年轻人的背上已经有一整袋被狗咬死的鸭子了。

我该怎么办呢？当狗跑近我时，我使用了最常用的逃生办法——潜入水里。可是，那只可怕的狗好像在芦苇丛中嗅到了什么，开始一圈一圈儿地游。五分钟、十分钟过去了，它仍然不肯离开这个地方。两个年轻人走过来，大喊着鼓励丧家犬。于是，它又在这儿转了半个多小时，给主人叼出一只倒霉的沼泽鸡才算完事，要知道，这只沼泽鸡就藏在离我非常近的淤泥里呀。

"半个多小时！"亲爱的孩子们，你们一定会问，"咦，鹊鸭兄弟，你说的大概不是真的吧！从来没有哪只鸭子能在水下面待那么久呀！可是只要你一露出头来，喘口气，狗就会立刻把你咬住的。"

你们是对的，任何潜鸟在水下都不能坚持两分钟以上。但是猎人的话可不是白说的——"在灾难中，鸭子是小偷！"鸭子们总是能在敌人眼前把自己偷走。这个花招是妈妈教我的。你想知道我是怎么做的吗？我把身体置于水中，用嘴叼住一根芦苇，在水中伸出嘴巴，悄悄地用它呼吸。嗅觉再灵敏的狗也不能嗅到在水下的鸭子。

我终于幸免于难。当年轻人走后，妈妈飞来了，把我们召集到一块才发现，有一半的弟弟妹妹全都遇难了，我们难过极了。

可没过几天，我们又遭了另外一次打击。这一次，离开我们的是妈妈。她出去之后，就再也没回来。我们想，她一定是死了，其他鸭子安慰我们说，所有的鸭妈妈都到褪毛——换羽毛的时候了，它们会躲到湖中心，那里长着浓密的灌木丛。当它们翅膀上的羽毛脱落的时候，它们就不能飞了。

说实话，我们已经不是那么需要妈妈了。她倾其所有教会了我们生存技能。我们熟悉了湖中的生活之后，就开始独立的生活。我们已经长大了，也就是说，可以张开翅膀，会飞了。

在这之前，还发生了一件重大事件，公鸭——我们的爸爸，回来了。在夏天开始的时候，母鸭开始孵蛋，而公鸭则成群结队地飞向遥远的海边褪毛。褪完毛后，就回到我们这里，领导我们这群年轻的鸭子进行第一次湖面飞行。

这时，我才知道，我们出生长大的这三个世界，其实是一个小小的儿童世界：蛋、巢和妈妈教会我们智慧的森林湖。

现在，我们已经长出了强壮的翅膀，我们面前的世界更加宽广而神秘。和那些常年都生活在一个地方的森林鸡比起来，这个世界在我们鸭子的眼中会更大一些。因为，我们是候鸟。当河里和湖里的水开始结冰的时候，我们就成群结队地准备奔赴遥远的旅途。我们能看更多的国家，会到达更遥远的地方，在那里，冬天仍然阳光明媚，水永远不结冰。

在这样广阔的世界里翱翔，是多么幸福呀！

好狗莱依

我第一次看见莱依的时候，以为它是狼呢。它和狼一样高；两只耳朵象狼耳朵一样竖着；毛也是灰色的，跟狼毛差不多。只有粗粗的尾巴，伸到背上，卷成一个圈儿。那时我很小，还不知道只有西伯利亚莱卡种狗才有这种尾巴，狼尾巴是沉甸甸地拖在下面的。

祖母告诉我，莱依是一只狼血统狗——它父母都是西伯利亚莱卡种狗，它祖父是一只真正的狼。后来，祖母开始讲给我听，莱依有多么聪明，它是个多么忠实和善良的朋友。打猎的时候，莱依是无价之宝，在家里也一样。祖母把它一生的事情都讲给我听了。

我父亲怎样选中了莱依。

我父亲是西伯利亚人，他是个猎人和捕兽人。

冬季的一天，他正在西伯利亚原始森林里走着，忽然听见人的呻吟声。呻吟声是从灌木丛里发出来的，父亲走到那里去看时，只见雪地上躺着一匹驼鹿，已经死了。灌木丛后面，有一个人在挣扎，想起却起不来，不停地呻吟着。

父亲将那人扶起来，背进自己的帐篷里去。父亲和祖母服侍了那个受伤的人，直到他恢复了健康。

原来那人是个曼西族（苏联西伯利亚的少数民族）的捕兽人。曼西族人住在西伯利亚乌拉尔那边。曼西族人长得又高又大，体态匀称，都是弓鼻子；都熟悉飞禽走兽的生活习惯是出色的猎人。不过，那个曼西人因为一时沉不住气，差一点丧失性命。

他打伤了一匹驼鹿。驼鹿摔倒在地上，一阵痉挛，然后一动也不动儿了。曼西人没留意到驼鹿的耳朵紧贴在脑后，竟朝它走了过去。突然间，驼鹿窜起来，用前脚拼命踢了他一下，踢得猎人从灌木丛上面飞过去，象个木头桩子似的掉在雪地上。驼鹿厉害得要命的蹄子踢断了他两根肋骨。

当西多尔卡（这是曼西族人的名字）与父亲分手的时候，对父亲说："你救了我的命，我怎么报答你呢？一个月以后，请你去找我。我有一只狼血统的莱卡种母狗。不久它要下小狗了。你乐意要哪一只，我就送给你哪一只。那只狗会成为你忠实的朋友的。你也将成为它的朋友。你们俩在一起，谁也打不过你们。"

过了一个月，父亲去找他。他的莱卡种母狗下了六只小狗，眼睛还没有睁开，它们在帐篷角落里乱爬着，有几只是黑的，有几只是花的，有一只是灰色的。

"现在你瞧着。"西多尔卡说。他用外套的下摆兜起所有的小狗，送到门外去，放在雪地上，把帐篷的门敞开。

小狗在雪地上挣扎着，一个劲儿尖声叫唤。狗妈妈想向它们奔过去，但是西多尔卡使劲抓住它不放。狗妈妈召唤着它的孩子们。

过了不大一会儿，一只小狗（就是灰色的那只）爬到帐篷的门坎前，翻过门坎。虽然它眼睛是瞎着的，却很有把握地一瘸一拐向狗妈妈走去。

几分钟后，第二只小狗又爬到门口。第三只，第四只跟在后面，六只小狗全找到了自己的母亲。狗妈妈舔掉每一只小狗身上的雪，把它们藏在自己暖烘烘、毛茸茸的肚皮底下。

西多尔卡关上了帐篷的门。

"我明白了，"父亲说，"我要那只头一个回来的。

西多尔卡把灰色的小狗从莱卡种母狗那儿拿过来，递给我父亲。

教　育

我的父亲和祖母用一只装上了奶嘴的瓶子把小狗喂大了。

这只小狗少见的活泼。它长出牙齿后，开始啃一切它所看到的东西。但是我父亲对它非常有耐性。他不仅没有打过它，甚至连一句不好听的话都没有对它说过。

莱依长大一些后，开始在村庄里追逐鸡和猫，父亲顶多有时候向它吆喝一声："莱依，回来！回来！"

等莱依回来了，父亲就语气温和地对它说："哎呀呀，小莱依，你犯错误了！这样可不行。你懂吗？不行！"

聪明的小狗听懂了。它不知不觉把尾巴一夹，两只眼睛惭愧地瞅着旁边。

父亲向祖母说："可不能对莱卡狗抬手，做出要打它的样子。主人是它最好的朋友。你只要打它一次，那就完了，要恨你的。只能靠语言来管教它。"

只有一件事，他怎样管教莱依，不许它干，也还是改不了——就是追逐大雷鸟和松鼠的爱好。等莱依长大了，跟着我父亲去打猎的时候，它总那样做。

莱卡种狗怎样做呢？它在地上闻出大雷鸟的气味时，就把它撵得飞起来。大雷鸟逃到树枝上去，在树枝上走来走去，按自己的方式在那儿嘲笑和痛骂莱卡种狗。它知道狗不会上树。

一只好的莱卡种狗遇到这情况，会坐下来，目不转睛地盯着大雷鸟，汪汪地叫。为的是让主人知道，它找到了一只大雷鸟，使大雷鸟落在那里了。大雷鸟这时把注意力全集中在莱卡种狗身上，猎人很容易偷偷地走到射程内来开枪。

这种追野禽的莱卡种狗叫作"办小事的狗"。它们见了松鼠也叫。

我父亲却想把莱依训练成"猎兽的狗"，教它专追个儿大的野兽。猎兽的狗就不应该净是注意一些鸡毛蒜皮的小事儿。不然会怎样呢？当猎人去打驼鹿或者狗熊的时候，原始林里到处都是大雷鸟和松鼠，狗朝它们汪汪一叫，大野兽就会跑掉。

我祖母详详细细地给我讲了这些事情。这些事情，我全应该知道，因为将来我也要成为一个猎人的。祖母还答应给我买支猎枪，等她攒够了钱就买。

父亲希望莱依是一只猎大兽的狗。可是，莱依只要一闻出松鼠或雷鸟的气味，那么连拖都拖不走它了。父亲只好那样做：他打死一只雷鸟，再打死一只松鼠，全绑在莱依的背上。不管莱依跑到哪儿，它都能闻到雷鸟和松鼠的气味，可是又无法把它们从背上弄去。

过了不久，莱依已经对雷鸟和松鼠讨厌得要命了，简直一闻到它们的气味就发烦。当然，它再也不在原始森林里追逐雷鸟或松鼠了。

殊死的决斗

三年以后，莱依成长为一只很出色的猎狗。它会跑在父亲的前面，在原始林里拦住一只正想逃走的驼鹿。还会从北方野鹿群里撵出一两只野鹿，使它们径直朝主人的方向跑过来。它的力气非常大，有一天，竟咬死一只扑到它身上的大狼。

后来，我父亲终于带着莱依去猎熊了。

他们找到一只大兽的足迹。那只大兽的巨大脚爪，在雨后的泥泞地上留下一个个深深的小坑，使人看了都害怕。莱依全身的毛都竖了起来，但是它勇敢地冲向前去，很快就追上了那只正不慌不忙朝山里走去的熊。

父亲看见莱依一口咬住熊的大腿——毛蓬蓬的"裤子"，当熊迅速回过头，想给它一巴掌的时候，它灵活地跳到一边。

熊刚想继续往前走，莱依又向它进攻。

父亲追上前去，开了一枪，但是仓促中只给熊挂上一点轻伤。熊激怒了，一下子朝父亲扑过来。父亲没来得及放第二枪，竟被那只骇人的熊用脚掌击落了他手中的枪。眨眼之间，父亲已经仰面朝天，被那极重的熊压在身下。

父亲以为自己没命了，哪知熊忽然向上伸着两只前爪，从他身上摔了下去。

父亲急忙跳起身来。

莱依紧紧地咬住了熊的耳朵，悬挂在熊的背上。

世上真没有这样一只狗，能独自打败一只凶猛的大熊。连最勇敢的莱卡种狗，也只敢从后面向这样的野兽进攻。

幸而父亲及时地拾起了掉在地上的枪，在熊咬死莱依之前，开枪打中了熊的要害。熊扑通一声倒在地上死了。

当初曼西族猎人说的话真的证实了——忠实的莱依在千钧一发的时刻救了我父亲的命，父亲又救了莱依的命。

只剩下祖母孤单一人

就在那一年，我祖母亲眼看着父亲死去了。那一回，莱依也救不了他。

那天风非常大，祖母说，简直是刮暴风。父亲去砍树，树没有朝他原来估计的方向倒下。他躲闪不及，被压在树下，活活地被压死了。

祖母亲手将他从砍倒的树下拖出来，埋葬在原始森林里。祖母成了孤零零的一个人。那是很久以前的事情了。

周围是原始森林。冬季刚刚开始。河水冻了冰，不能乘小船渡过去了。步行也不成，走不到有人烟的地方。而在父亲搭在自己的猎区中的小房子里，没有很多存粮。

本来祖母自己也会打猎，弄点兽肉来吃。可是父亲的猎枪被那棵该死的大树压碎了。

怎么办呢？

一天，有一位猎人走进祖母的小房子。

祖母一见了他，喜出望外，向他说："好心人，把我带出原始森林吧，我将对你感激不尽。"

他回答道："行啊，老太太，我带你出去。你可得把你这只狗送给我。"

他说的就是莱依。当时莱依的名声已经传得很远，大家都知道莱依是一只出色的好狗。方圆几百公里外的猎人们，虽然没见过莱依，可是都知道它。

祖母把眉头一皱，说："不行。我这只狗可不能卖。它曾经是我的已去世儿子的忠实朋友；现在它是我的最好的朋友。你要什么都可以，我什么都舍得给你，就是不能把我的朋友给你。"

猎人怎么也不让步，说："你这么大岁数了，还能上哪儿去呢？反正你早晚得给我。"

"算了，"祖母说，"既然你这人心那么狠，那我就没有必要再跟你说话。你干脆丢下我这个患难中的老太太别管啦！"

那个猎人火了，说："不管你说什么，我也要强行领走你的狗。"

"你试试看。"祖母说着,抄起了斧头。

那个坏蛋两手空空地走了。

祖母说:"我们是硬骨头,我们是西伯利亚的哥萨克。"

尽管是西伯利亚哥萨克,但是原始森林可不是城市里的文化与休息公园。到处是密林、沼泽、山丘、暴风雪。积雪齐腰深。在这种情况下,怎么给自己弄食物吃呢?

以前,父亲每打死一匹驼鹿或一只熊的时候,就当场把它收拾了,掏出内脏,切下一块肉,放进麻袋里,带回家。把剩下的死兽和兽皮收在小仓库里。

捕兽的人都用斧头在原始森林里造这样的小仓库。他们把小仓库安放在一根光溜溜的圆木头上,什么野兽也爬不上去。兽肉,也可以存放在这里,暂时保存起来。因为并不是每一次打猎都很顺利,——也有多日一无所获的时候。

父亲告诉过祖母,他在原始森林里有三个装得满满的小仓库。那里面有驼鹿肉、北方鹿肉,还有熊肉。不过,问题是:到哪儿去找那些小仓库?

后来,我祖母还是想出了办法。

她紧紧地扎上一条皮腰带,把斧头掖在腰里,登上滑雪板,拖了一辆雪橇,向莱依说:"来吧,莱依!我全指望你啦。你往前跑,指给我看,你主人把打来的猎物都藏在哪儿了。你找一找!"

莱依摇摇尾巴,向原始林里跑去。它跑几步,回头瞧瞧祖母是不是跟在它后面。

莱依真聪明,真的把祖母带到小仓库跟前去了!

祖母把存肉全部用雪橇运回家去后,莱依又带她去看了第二个小仓库。以后,又带她去看了第三个仓库……就这样,她和莱依吃了一冬的兽肉,饱饱地度过了一冬。

春天,冰消雪融后,祖母往父亲的小船里铺了几张兽皮,又拿了点行装,乘船在小河里顺流而下,走了六十来公里,到了最近的一个村庄。

在那里,好心人帮助了她,村苏维埃给了她一所小木房子。

我母亲在城里读书,那时我还很小,和母亲住在一起。祖母和城里通信后,得知母亲病重,赶紧乘火车去看她。等祖母赶到时,母亲已经去世了。于是，祖母在世上成了孤单单的一个人，怀里抱着我，我那时还很小。

我们在城外铁路附近的一座村镇里落了户。

莱依当然始终没有与我的祖母分离过。

莱依看孩子

在我的父母先后去世、祖母来把我抱走那年，我还不到四周岁，什么也不懂，简直是个小傻瓜。祖母说，那时候别提我有多不听话，别提有多淘气了！她带着我，日子可真难过啊！

祖母当然找了工作，上了班。她把我留在家里，没有人看我。附近没有幼儿园。

祖母又把这个任务交给莱依。

她想出办法，叫莱依看我。

她把我叫过去，又把莱依叫过去，命令我们俩都坐在椅子上，说：“你们俩都听着。莱依，我把这位小伙子托付给你，你得照看他。在我上班的时候，不许他胡闹，不许他淘气。明白了吗？”

莱依回答：“汪！”

当然它只是随便“汪”了一声，因为它已经习惯了，问它问题的时候，它总是回答。不论问它什么问题，它都回答“汪”！

祖母对我说：“喏，莱依说‘好’！它什么都懂。你必须听它的话，就像听我的话一样。”接着，她又对莱依说：“等我回来了，这位小伙子干了什么顽皮事儿，你全讲给我听。明白了吗？”

莱依当然又回答：“汪！”

“小伙子”吓得连动也不敢动，老老实实坐在那儿，因为那时我还以为莱依是狼呢。

“奶奶，”我嘟嘟囔囔地说，“我怕它……好奶奶，别把我一个人留下来，让它看！”

“小伙子，你根本用不着怕它。”祖母皱着眉头说，“莱依是很好、很正直的。喏，你摸摸它。”

我拼命地把小手往回缩，可是祖母还是拉着我的小手，它摸了摸莱依的头。

"喏，你要做好孩子，它就对你好。你跟它一块儿玩都行。你扔给它一根小棍儿，它就给你叼过来……不过，在它的面前淘气，"祖母厉声厉色地加了一句，"你可别想！它全要告诉我的。等我回来的时候，你等着瞧吧！"

祖母走出去，关上门；我独自一人留了下来，跟这只大灰狼面对面。我心里多害怕呀！虽然那时我还很小，可是当时的情况，我一辈子也忘不了。

我坐在椅子上，活象用螺丝钉拧上了似的，吓得半死不活，连大气也不敢出。谁晓得它在想些什么！

莱依早就跳下椅子，把两只前爪搭在窗户台上，目送着祖母的背影。

后来，它又用四只脚在屋里来回走了几趟，到它吃饭用的那只碗跟前去看看（那只碗就在墙角里）。碗是空的。忽然它朝我走过来了。

我惊骇得在椅子上挺直了身子，它准是要吃我！……

其实它走到我身边，把头放在我的膝盖上。那个头可真大，重极了。

我一看，它并不是要吃我，原来它是一只很善良的狼啊，根本没打算咬我。我不害怕了，轻轻把手放在它头上。

它没表示什么。

我开始小心翼翼地摸它，就像祖母教我的那样。越摸越低，等碰到它鼻子时，它用湿漉漉的舌头舔舔我的手。

我爬下椅子，看见祖母正向窗里望着，笑容满面。

她用手比划着，让我打开小窗子。

我爬上窗户台，打开了小窗子。祖母问我：

"怎么样？这只狼不太可怕吧？"

"奶奶，不可怕。"

"这就好了，你们一起留在这儿吧。我很快就回来，午间休息的时候，我回来瞧瞧，我工作的地方离这儿不远。"

就这样，我渐渐对我们的莱依习惯了。不过，当着它的面，我从来没干过什么特别的事情。因为我担心它会向祖母告我一状。

狼 牙

过了不久，我完全相信它不是狼了。它成为我的一个好朋友。我摸它，推它，揪它的尾巴。甚至我还爬到它背上去，骑着它满屋里跑马——它当了我的一匹出色的小马。它从来没有对我发过脾气，对我连怒声都没有发过。

当然，有时候在它面前我的表现也不太好。祖母不在家的时候，哪知道我忽然异想天开会想出什么馋主意。也有那种时候，我从祖母的抽屉柜里偷几块糖吃，或者尝一两匙果酱。

不错，我每次总把偷拿的美味食物老老实实地分给莱依吃。假使我拿两块方糖或两个小面包圈，我准给它一个。它还好，总是收下。

过后，每次我都求它："好莱依，请你千万别告诉奶奶。你没有事，奶奶从来也不碰你；可我呢……你自己知道！奶奶的手可快哩！"

莱依说："汪！"

等祖母下班回来时，莱依立刻用后脚站起来，把两只前脚搭在她的肩膀头，不知向她耳朵里说些什么悄悄儿话。

当时我以为是这样——我以为它那是悄悄地告诉祖母，我的表现好不好。其实它当然只不过是在舔她的耳朵，那是它与祖母见面打招呼的一种习惯。

祖母自己也假装莱依是向她报告情况。

于是我总担心它会说走嘴，对她说一点儿我的坏话。

祖母用目光扫视下屋里，看到一切正常，就对我说："好呀，真是好样儿的。莱依告诉我，你今天表现很好。"

那样一来，我就完全以为，莱依是完全跟我一伙儿了；当着它的面，我可以为所欲为。

有一天，我发现炉子上面的架子上，有一盒火柴，祖母忘记把它拿走。我当然立刻决定在屋子当中点个小火堆。

我小时候特别喜欢火。直到如今，我还能在打开了火炉门的火炉前一坐几个小时，凝视着那黄色与红色的火焰怎样一会儿蜷缩隐藏；一会儿熊熊燃烧，跳着活泼欣愉的舞蹈；一会儿象小溪似的从木柴上跑过；一会儿忽然像放枪一样，"啪"的一声，冒一阵烟儿！

煤块，我也喜欢；我喜欢看煤块燃烧得闪着金光，吐着蓝荧荧的火舌。我总觉得火里面有一些隐约可见的形象：各式各样的火凤凰，有尾巴的小鬼，还有不知何许人的脸。

现在我才知道，祖母最担心的，就是怕我一个人留在家里时，闹出一场火灾。每次她去上班的时候，都随身带走所有的装有火柴的火柴盒。她在家的时候，我只要试试把手伸向火柴，她马上照准我的手就是一巴掌，喝道："不许碰！"简直像管教莱依似的。这一次，她怎么会把一盒火柴落在架子上，她自己也不知道。

墙角里有一只箱子，装着废纸和垃圾。我把那只垃圾箱拖到屋子当中，把里面的东西全倒在地板上，用废纸、劈柴和碎木片堆成一个很象样子的篝火堆。然后，我把板凳搬到架子底下，爬上去够火柴。

我刚抓起火柴盒，听见火柴在盒子里轻轻响了一阵，忽然有谁从我身后发出咆哮声。我回头一瞧，是莱依！它站在那儿，竖起颈上的毛，完全变了样子。主要是，它龇出了大牙——那一口可怕的狼牙啊！

可把我吓坏了，我吓得从板凳上摔了下来，同时失手将火柴撒了一地。

我爬起来，摩挲摩挲跌青的膝盖，用很和气的声调问莱依：

"好莱依，你怎么啦？你别那样想，我只不过拿一根火柴，别的全给奶奶留着。我只想把火堆点着。"

莱依一声不响地听着。它脖子上的毛躺了下去，大牙也藏在嘴唇后面了。

可是，我刚伸出手再去够火柴，大狼嘴就又出现在我面前！嘴唇皱了起来，雪白的大牙龇在外头。

我赶紧躲开它，逃到最远的墙角里去。

莱依看见我那样做，就躺了下去，将头放在爪子上。它又成了我的善良的好莱依。

我一个劲儿跟它说："好吧，我不点篝火了，我想把火柴拾起来，搁回原处，不然被奶奶看见了，可得给我一顿好揍……"我劝了它半天，用各种甜蜜的名字称呼它。

它高高兴兴地望着我，还摇尾巴哩。可是我只要一走近火柴，马上它就变得凶狠无比，眼睛里放出绿莹莹的凶光，嘴唇也掀了起来。

一直到祖母下班回家，莱依也没让我碰一下火柴。

好家伙！为了这件事，祖母可给了我个厉害瞧！唉呀呀！疼得我都没法往椅子上坐了，疼到半夜还没好。

"你永远记住吧！"祖母说，"莱依把公私分得很清：友谊归友谊；工作归工作。既然跟你说了'不许碰！'——那就别想做那件事，反正莱依不会让你做的。"

原来全部奥秘就在这里：每次我伸手去拿火柴的时候，祖母总跟我说："不许碰！"莱依非常熟悉这句话。

现在，什么都可以简简单单地解释明白了。

可我小的时候，这种事情我全不明白，那时我还以为莱依跟我祖母一样。它看着我，担心我会闹出一场火灾，把房子给烧掉。

那一回，它把我吓破了胆；从此以后，在它面前，我不仅不敢干越轨的事儿了，而且连想也不敢想了。

莱依当上了守卫

邻居们不明白这些事情，常常问祖母说："您怎么能把自己家的小娃娃独自一人留在家里，把他交给狗看呢？你们家的狗很老实，他总骑在它背上玩哩。"

"我认为莱依很可靠，"祖母回答他们，"我信任它，就像信任一个人一样。"

不错，谁都喜欢莱依；除了我以外，谁也不怕莱依。它从来没冲着任何人叫唤过。谁到我们家里来，也没关系，莱依不碰他们。

祖母说：因为它是原始森林里的狗，它非常信任人。原始森林里，人很少，所有的人都是打猎的。它从来没看见过那些人干坏事。原始森林里的猎人从来不欺负狗，不欺负自己家里的狗，也不欺负别人家的狗。

还有，西伯利亚原始森林里的居民非常好客，谁都欢迎。有时候，偶尔有个陌生人进来借个火，要求住一夜，主人从不拒绝。一定准许他进帐篷里去，让他吃饱喝足了，给他安排个地方睡觉，连问都不问一声，来客是什么人，打哪儿来，到原始森林里来干什么。人们认为，不管是谁，如果你对他殷勤款待，他怎么还能欺负你呢？西伯利亚人说："用肚子是偷不走面包的。"

　　于是，形成了这样一种习惯，不论谁到家里来，莱卡种狗都当贵宾看待。莱卡种狗跟城里的各式各样德国种狼狗可不一样。德国种狼狗认为主人是自己人，别人全是敌人。不信，你到养有这种狗的人家去试试看！——这种狗马上会扑到你胸上去，把你推倒，然后一口咬住你的喉咙。有时候，主人还故意训练它们去咬人、恨人。莱依却很喜欢人。

　　有一天，祖母从外面领了一个男的到我们家里来。天气非常冷。那人身上只穿了一件棉衣，两只手冻得通红，冷得浑身发抖。他年纪虽不大，但是灰溜溜的脸上长满了胡子，一双眼睛深陷在眼窝里。祖母觉得他可怜，所以把他带回家来，让他吃得饱饱的，还给了他一点钱。至于他是谁？打哪儿来的？祖母连问也没有问。他自己说，他有病，刚出医院，还没有工作。他临走的时候，对祖母表示千恩万谢。

　　大约两个星期以后的一天早晨，祖母和每天一样去上班，我和莱依留在家里。莱依照例睡在它自己的墙角里，我正在看一本小书里的画。那时我已经七岁多了，会看书了，虽然看得不太快。

　　我听见有人敲窗户。

　　我走过去一瞧，是个陌生人，我没能认出来，他就是祖母曾经带来过的那人。他身上穿着大衣，脸刮得光光的，留着两撇细溜溜的小胡子。

　　我听见他隔着窗户喊道："老太太在家吗？"

　　我摇着头说："不在！不在！"

　　他给我看看他夹在一只手里的香烟，用另一只手做出划火柴的样子，意思说：需要点烟。

　　我向他喊道："没有火柴！祖母一出去，就把火柴带走了。"

　　他耸耸肩膀，然后指指小窗子，意思说：把小窗子打开，我听不见。

　　我把小窗子给他打开了，好解释清楚。这时，他很快地将手从小窗子里伸了进来，拉开窗闩，推开了窗户，我还没来得及明白过来，他已经进了屋子，站在我身旁。

"小狗崽子！告诉我，老婆子把钱藏在哪儿？快！"

这时，我当然就恍然大悟了。我浑身发冷，可还是意识到，应该向谁求救。我趁机大叫一声：

"好莱依！莱依！"

陌生人一只手掐住我的喉咙，另一只手从怀里掏出一把刀，朝我挥起……然后就一个跟头摔倒了！刀也飞到墙上去了。

我再一看，陌生人躺在地上，身上的大衣已经被撕得粉碎。莱依站在他上面——那不是莱依，是一只狼！

陌生人用一种疯狂的尖细嗓音放声大叫。

我从窗户蹦了出去，也放声大嚷，但是不知道自己嚷了些什么。

幸亏这节骨眼有两个熟人——两位铁路员工路过我家附近，他们急忙跑过来问："怎么啦？出了什么事？"

我全身瑟瑟地抖着，一句话也说不出来。

他们走到窗前一瞧，就什么都明白了。

陌生人正用两只手捂住喉咙，哀号着：

"狼呀，快把狼赶走，该死的！"

怎么办得到呀！他们想从窗户跳进去，莱依就朝他们扑过来。哎，野兽终究是野兽！

一个铁路员工飞奔到祖母的工作单位去找她。幸亏不远。祖母一会儿功夫就跑回来了。

祖母进屋里去，拉住莱依的颈圈，别人才能进去。来了一大群人，抓住那个陌生人，用手巾把他捆上，捡起刀子，送他到警局去了。

他还不停地骂祖母：

"你要对我负责任的！法律不准许在家里养狼。把什么都撕碎了，该死的魔鬼！"

祖母打量了他一阵子，皱皱眉头，说道：

"这家伙！——唤醒了一只善良的狗的恶兽天性。你应该谢谢它，没有把命送掉。"

自从发生了那个事件以后，莱依再也不能像以前那样了！莱依不肯放任何陌生人到家里来。它成了一个守卫，比随便什么样的德国种狼狗都要好的守卫。祖母说："它现在明白了，有各种各样的人。对善要报以善；对恶要报以恶。孩子，生活里全是这样。在城里这样，在原始森林里也这样。世界上，没有比好人的心更善良的了，也没有比坏人的心更狠毒的了。莱依，对吗？"

　　莱依回答她："汪！"

知识链接

　　普通报纸上，尽刊登人的消息，人的事情。可是，孩子们也很喜欢知道飞禽走兽和昆虫是怎样生活的？

　　森林里新闻并不比城市里少。森林里也在进行着工作，也有愉快的节日和可悲的事件。森林里有英雄和强盗。可是，这些事情，城市报纸很少报道，所以谁也不知道这类森林中新闻。

　　比方说，有谁看见过，严寒的冬季里，没有翅膀的小蚊虫从土里钻出来，光着脚丫在雪地上乱跑？你在什么报上能看到关于"林中大汉"麋鹿打群架、候鸟大搬家和秧鸡徒步走过整个欧洲的令人忍俊不禁的消息？

　　所有这些新闻，在《森林报》上都可以看到。图片展示大自然，有着永远解不完的谜，人们总是不断认识、不断体验，而《森林报》浸透了作家辛勤的汗水。作家独具慧眼，以丰富的阅历揭示着大自然中蕴藏着的奥秘。比如冬天，人们看到的只是一片白雪皑皑的北国风光，可是作家在"写在雪地上的书"中却把冬天看作一本书：下一场雪，就翻开书本新的一页，各种动物在"一张张白色的书页上写着许许多多神秘的字符、连字符、点号、句号"。它们各有各的写法，也各有各的读法……松树的字迹很容易辨认……老鼠的字迹尽管很小，但简单、清晰……它们从雪地里爬出，常常先绕来绕去，然后径直朝自己的目的地奔去，或者退回到自己的洞里，于是就在雪地上留下了许多间距相等的冒号，一个连着一个……

　　狼的足迹，需要用特别的智慧去观察，因为狼喜欢耍阴招，看起来只有一只狼走过的脚印，而在作家的眼里，却是"有五只狼从这里走过"。走在前头是一只聪明的母狼，它身后跟着一只老公狼，走在最后是三只狼崽，它们一个脚印踩着一个脚印走……

狐狸更为狡猾。当然可以根据它们的脚印，辨别是一只瘦狐狸，还是一只狡猾而且饱足的胖狐狸，可有时你看到的是"兔子的小脚印"，其实，这是狐狸的脚印，因为脚印中有脚印，狐狸们为了隐藏自己的脚印，它们往往套着兔子的脚印走……多少猎人因此而错过了捕猎的时间与机会……

要想成为"白路"（猎人们这样称呼动物们在雪地上留下的足迹）上的优秀猎手，就得练就一双火眼金睛呀！

《森林报》中的知识就是这样丰富，它成了知识的海洋，它告诉孩子们如何观察大自然，如何思考和研究大自然。作家维·比安基独具匠心，他的作品被选入我国小学语文教材必修课程，这绝不是偶然的。

读后感

　　合上书，你是否陶醉在美丽的文字中呢？

　　这本书吸引你的是它的封面，它的漂亮插画，还是优美的文字呢？你从中学到了什么道理？你最喜欢书中的哪个人物呢？例如：读了《假如给我三天光明》，我会想：假如给我三天光明，宝贵又残酷的三天，仅仅有三天，我该如何把握呢？第一天，对父母尽孝心；第二天和第三天我会刻苦读书，让我之后的日子眼盲心不盲。时间是无限的，犹如长江之水，奔腾不息，源源不断。但，只有珍惜时间的人，才不会留恋时间，而虚度光阴的人，必定会后悔。那么，对于你刚刚读完的这本书，你想说些什么呢？动笔写下你的读后感吧！

Book Review